绍兴花边

万缕丝工艺之花

劳越明　何耀良　著

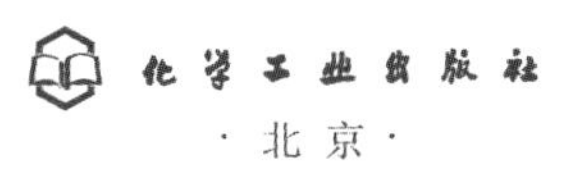

·北京·

本书从绍兴花边的历史沿革、艺术特色入手，完整、详实地介绍了绍兴花边的图案设计方法、花边挑制工艺及各道工序，进而提出绍兴花边的设计创新拓展方法及类型。

本书可供服饰文化、手工艺制作爱好者阅读借鉴，也可作为高等院校纺织服装类专业服饰文化、服饰手工艺等相关课程学习的参考书。

图书在版编目（CIP）数据

绍兴花边：万缕丝工艺之花 / 劳越明，何耀良著.
—北京：化学工业出版社，2019.12（2023.1重印）
ISBN 978-7-122-35638-3

Ⅰ. ①绍… Ⅱ. ①劳… ②何… Ⅲ. ①花边－服装工艺－介绍－绍兴 Ⅳ. ①TS186.4

中国版本图书馆CIP数据核字(2019)第247093号

责任编辑：徐 娟 装帧设计：优盛文化
责任校对：宋 玮 封面设计：优盛文化

出版发行：化学工业出版社（北京市东城区青年湖南街13号 邮政编码100011）
印 刷：三河市航远印刷有限公司
装 订：三河市宇新装订厂
710mm × 1000 mm 1 / 16 印张9 字数150千字 2023年1月北京第1版第2次印刷

购书咨询：010-64518888 售后服务：010-64518899
网 址：http: //www.cip.com.cn

定 价：99.00 元

前言

万缕丝花边是一项中西合璧的富有特色的传统手工艺，于上世纪初叶由欧洲传教士带入，在浙江沿海地区落脚，在萧绍平原茁壮发展，逐渐成为工艺独特的“一根线的艺术”“中国的骄傲之花”。根据其发展地域，被冠以“绍兴花边”“萧山花边”之名，二者同宗同脉，曾一度成为当地出口创汇的支柱产品，在欧洲、美洲及亚洲各国影响广泛。经过几代人的辛勤耕耘和不断创新，绍兴花边融入了中国元素，是中国优秀文化和中华民族勤劳智慧的结晶，创造了绍兴牡丹牌万缕丝花边的灿烂辉煌。但遗憾的是现在从业人员所剩无几，花边产品已日渐淡出人们的视野。

绍兴花边制作技艺为第四批浙江省非物质文化遗产名录项目，绍兴花边也被誉为最具影响力的绍兴工艺美术品之一。本书希望以图文并茂的形式，从绍兴花边的历史沿革、艺术特色入手，记载绍兴牡丹牌万缕丝花边的灿烂辉煌历史，介绍花边图案设计的方法、花边挑制的工艺与工序，以及花边创新设计之路，以期对绍兴地方特色文化的保护和传承发展、对丰富相关服装服饰设计专业的教学起到一定的积极作用。

本书在编写阶段，受到了原绍兴“市志办”主任编辑王致涌老师的大力指导与帮助，特此表示感谢。绍兴花边至今已有百余年历史，传播广泛，姐妹工艺众多，但著者水平有限，书中难免存在不足之处，在此，真诚地希望能够得到读者的宝贵意见与建议。

著　者

2019 年 6 月

|一根线的艺术|

目录

第一章 万缕丝花边的历史沿革

第一节

万缕丝花边的发展历程

一、万缕丝花边的起源

万缕丝花边是我国优秀的实用和装饰相结合的出口手工艺产品。它起源于意大利水城——威尼斯，故称“万里斯”（万里斯是威尼斯的谐音），于20世纪10年代末传入中国。

万缕丝花边是用一枚小小的银针，取一支支精制棉线，千针万线、千丝万缕、精心巧编而成。人们又给了她一个花容月貌、富有诗意的中国名——万缕丝花边。后人又把万缕丝花边改称萧山花边或绍兴花边。因萧山县（历史上为绍兴下属县，今杭州萧山区）坎山镇是万缕丝花边的起始地，以产地命名，取名萧山花边也是名正言顺、理所当然，无可厚非。

万缕丝花边是古时意大利手工蕾丝制品，最先起始于意大利南部的布拉诺（Burano）小岛。美丽的小岛景色诱人：色彩斑斓的小屋依水相建，清澈的小河傍依着五颜六色的尖头木舟，蔚蓝色的天空飘着丝丝白云，平静如镜的河面倒映着彩色的小船……。如此艳丽的美景如同一幅色彩浓郁的油画，夺目耀眼、光彩照人。所以人们又把小岛称为“彩虹岛”，如图1-1所示。

图 1-1　意大利“彩虹岛”

“彩虹岛”又以蕾丝著名，故又叫“蕾丝岛”。该岛有一个美好的传说，岛上的人们以捕鱼为生，男人出海捕鱼以养家糊口。在家闲着的女人，除了结网外无事可做，于是便团团围坐一起，闲谈取乐。随后，一些女人在空闲之余，用线仿照渔网编织法，编结各种简易的形态各异的条形花边。这些条形花边的每一针、每一线既倾注着对出海男人的牵挂和思念，又使女人从中获得了乐趣，生活得到了充实。就这样，经过祖祖辈辈传承发展，这些花边渐渐演变成朴实自然的蕾丝花边，如图 1-2 所示。

图 1-2　意大利老妇人在编结蕾丝花边

随着时代的发展，社会的进步，这门编结手工艺品渐趋成熟完美。到了16世纪，布拉诺蕾丝花边已成为欧洲皇室、贵族的御用品。用以制衣、做裙，装点生活，不落时俗。由此，布拉诺蕾丝花边也就闻名于整个欧洲。图 1-3 所示为欧洲鼎盛时期的蕾丝花边礼服。随着经济的不断发展，蕾丝花边慢慢地演变成为一种商品，用作交换，于是便形成了市场。蕾丝花边的交换，不但可以增加收入，而且还满足了人们对美化生活的需求。

图 1-3　欧洲鼎盛时期的蕾丝花边礼服

到了 19 世纪中叶，欧洲工业革命的完成，推动了技术的进步和产业的变革，建立了新的生产关系，解放了生产力，促进了社会发展。而这门古老而传统的手工编织工艺品却遭遇了危机，渐渐衰落而退出了历史舞台。但这门编结技艺仍然存在于民间，而且人们仍然喜爱它，并有一定的市场，只是缺少劳动力加工，产品十分稀缺，满足不了人们的需求。为了寻找出路，发展蕾丝生产，意大利人看中了当时劳动力相对低廉的东方国家——中国。

中国是一个有着古老文明、悠久历史文化的国家，人口众多、地大物博。欧洲人看中了这块富饶的土地和这个勤劳的民族。他们相继派传教士来到中国，在传教布道同时，在政治文化和经济技术方面也有一定的企图，并争夺廉价劳动力和资源。

二、万缕丝花边传入中国

据绍兴花边厂创始人之一的老前辈郭景贤先生回忆，万缕丝花边是1919年由意大利传教士带入上海徐家汇的。他们为寻找生产基地，发展花边生产，千方百计寻找代理人，后来选中了在上海洋行的中国商人徐方卿。于是，徐先生带天主教徒修女（嬷嬷），到浙江萧绍平原的坎山镇传授手工编结技术和挑花边。从初期的二十几人，逐渐发展到上百人，吸引了众多的农村姑娘前去学习挑花，成为360行之外的又一行。

旧中国的农村，除了种田种地，别无其他副业。为赚钱，学习挑花是当时一个很好的选择。虽然收益不是很高，但可贴补家用，所以很多姑娘都去学习。因此学习挑花的人也就越来越多，队伍也越来越大。就这样，这门在欧洲“奄奄一息”的民间古老手工编结品万缕丝花边在中国落地扎根、开花结果。

三、新中国成立后万缕丝花边的发展

新中国成立后，随着国民经济的不断发展，万缕丝花边也与时俱进，不断发展壮大。建国初期，万缕丝挑花是农村土地之外的主要副业。挑花基本解决了当时乡镇居民的日常开销。因此，“挑花”名噪一时，受到人们的欢迎，街头巷尾都能见其身影，如图 1-4 所示。在那时，农村城镇还流传着“讨媳妇一定要找会挑花的姑娘”和“会挑花的姑娘不愁嫁”的说法。这些佳话充分说明挑花在当时有着举足轻重的地位和极大的影响力。

图 1-4　柯桥老街“挑花女”

到了 20 世纪 50 年代，从事花边生产的小作坊相互合作，联合经营。到公私合营时，私人“小老板”在政府的扶持下，花边纳入了计划经济，生产步入了正轨，统一由农村供销合作社接管。

1954 年 8 月，郭景贤（如图 1-5）、朱世根、金孝萱、陆志轩、陈关荣、李杏仙 6 人在绍兴创建了绍兴钱清花边生产合作社（绍兴花边厂的前身）。年产万缕丝花边 10 余万码（花边通常用“码”为计量单位，1 码 =6″×6″=0.02326m^2，下同），产品由上海洋行转运出口，销往欧洲。

图1–5　年轻时的郭景贤

［注：郭景贤先生：享年94岁，上海松江人，定居浙江萧山县坎山镇。从业后，历任绍兴花边生产和销售负责人、绍兴花边厂副厂长、绍兴县政协委员。］

为适应生产发展的需要，在绍兴县政府有关部门的支持下，1955年5月成立了绍兴县供销合作社花边工厂，厂址也从钱清镇迁至绍兴县城关镇（今绍兴市越城区）萧山街的相桥头。该厂有职工23人，年产万缕丝花边44.7万码，产值41.44万元。随后，为适应生产发展，扩大生产场地，又迁至城关镇上大路41号，转由绍兴县手工业局接管。后来又在延安路“塔山下”小禅法弄和“大树下”附近征地建厂，成立了绍兴花边厂，为扩大生产创造先决条件。图1-6即为原绍兴花边厂外景。花边生产真正成为当时“绍兴经济”的支柱产业之一。

图1-6 原绍兴花边厂外景

随着时代的进步和花边生产的发展，绍兴花边厂为适应市场不断变革，花边生产经营体制也随之而变，相继更名为绍兴花边生产合作社、绍兴花边联社、绍兴花边厂、上海抽纱公司绍兴花边联营厂、浙江绍兴花边总厂。企业的组织机构、生产体制不断完善，生产规模也日益扩大。

我国万缕丝花边的生产基地是浙江的绍兴、萧山和乐清三地。萧山花边厂、绍兴花边厂是原国家轻工业部抽纱品生产的定点厂，也是浙江省工艺美术行业的花边生产骨干企业。鼎盛时期，萧绍两地拥有挑花女工近40万人。这样庞大的队伍，娴熟的技能，为满足国际抽纱市场的需求发挥了重要作用，也为国家出口创汇做出了重大贡献。1986年绍兴县花边厂被绍兴市人民政府评为市级出口创汇先进单位，见图1-7。与此同时，“花边经济”也为当地城乡居民增加了一笔可观的收入，大大改善了人们的生活。花边也就成了农村、城镇的“香饽饽”，家喻户晓，人人喜爱。在那时，为了得到“一筒花”，人们得早早起床去排队，因人多花少，有时也不一定能拿到。

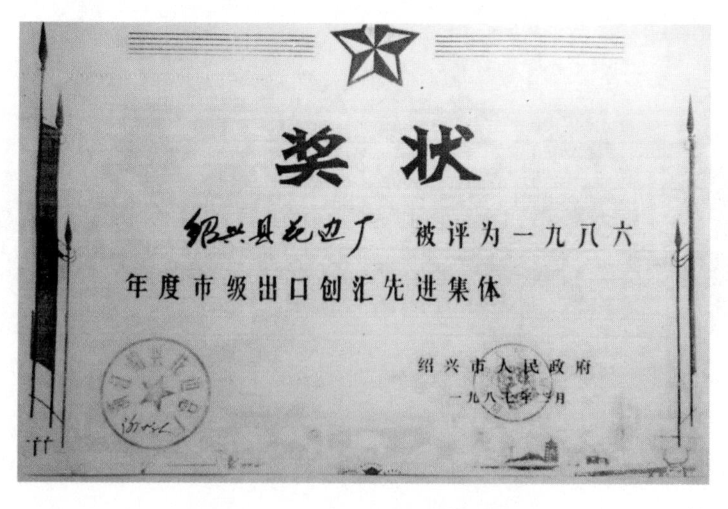

奖状

绍兴县花边厂 被评为一九八六年度市级出口创汇先进集体

绍兴市人民政府

一九八七年[illegible]月

图1-7　出口创汇先进集体奖状

作为商品的万缕丝花边，要想满足人们对“挑花”的日益增长需求，在国际市场上赢得更多的生产订单，企业必须做大做强花边产业。而要做大做强，就要有一支功底深厚的设计团队，不断创新设计。只有这样，才能创作出更新、更美、更多的万缕丝花边新产品。

因此，积极加强花边的设计队伍，提高设计人员的素质是花边生产的当务之急，是时代所需，是花边生产发展的契机。从 20 世纪 60 年代初，由浙江省手工业局（今浙江省二轻厅）牵头，各企业先后从浙江美术学院（今中国美术学院）附中引进热爱工艺美术的中专毕业生，充实设计队伍，加强创新力量。最先批是何耀良、杨奇明、朱国庆三人，他们分别在绍兴、温州和温岭三地落户。随后几年又有多名毕业生前去浙江海门（今台州市）、温州、温岭、乐清等地工作，给企业设计队伍输送了“新鲜血液”，加强了设计队伍的建设。

为了进一步提高设计人员工艺美术设计水平，浙江省手工业局先后举办各类学习培训班。各企业分批选派设计人员到浙江省工艺美术研究所、浙江美术学院、中央工艺美术学院和浙江省二轻厅工艺美术学校等院校进行培训深造。种种有力的措施，为企业造就了一支热爱工艺美术事业、富有生机的年轻设计队伍。在他们的不懈努力下，一批批图案优美、适销对路的新花稿应运而生，一款款新颖独特、别具一格的新产品脱颖而出，极大地满足了不同时期、不断变化的国际抽纱市场的需求。

花边生产是一项劳动密集型产业，它需要千千万万挑花女工的共同劳作。因此，加强挑花队伍建设是生产发展的又一项重要工作。为了夯实花边生产发展基础，绍兴花边厂于1966年又轰轰烈烈地开展了挑花基地建设工作。选拔优秀的“教花老师”到绍兴县挑花的“空白点”——斗门、马山、孙端、皋埠、陶堰、平水、漓渚等，组织年轻妇女进行挑花培训学习（图1–8）。经过近一年的努力，培养了一大批挑花人员，壮大了挑花队伍，扩大了生产基地，极大地满足了生产发展的需要。到20世纪80年代，花边生产达到了顶峰时期，万缕丝花边也进入了“繁荣期”。

图1–8 花边培训老师合影

绍兴万缕丝花边以“技艺炫丽精湛、产品质量上乘、出口贡献巨大”而闻名。绍兴花边厂被授予“国家二级企业”称号（图1–9），产品获得了国家最高荣誉奖“中国工艺美术百花奖——金杯奖”（图 1-10）和“产品质量金奖”。种种荣誉充分说明国家对万缕丝花边产品的地位、质量给予了很高的评价和充分的肯定。

20 世纪 70 年代，绍兴经济除了绍兴县的漓渚铁矿和绍兴钢铁厂以外，还有被誉为“三支花”的绍兴印花厂、绍兴化肥厂、绍兴花边厂。而“花边之花”在绍兴经济地位中是名列前茅、人所共知的。绍兴花边厂在当时绍兴是人人皆知、众人所望的企业，享有很高的声誉。

图 1-9　国家二级企业铜牌

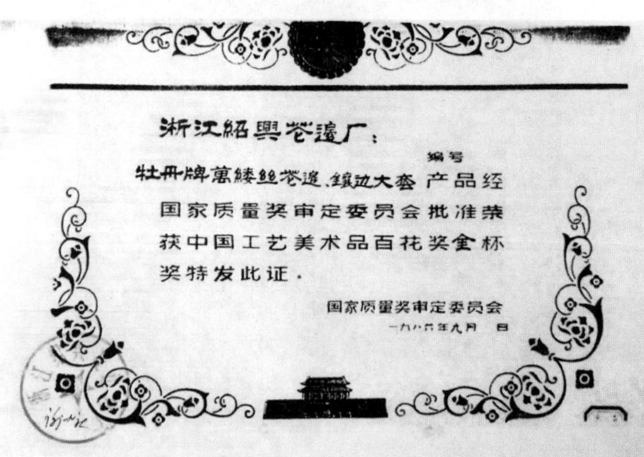

浙江紹興花邊厂：

编号

牡丹牌萬縷絲花邊、鑲边大套 产品经国家质量奖审定委员会批准荣获中国工艺美术品百花奖金杯奖特发此证。

国家质量奖审定委员会

一九八六年九月　日

图1–10　中国工艺美术百花奖证书、金杯

而到了20世纪70年代末，国家实行改革开放政策，绍兴经济产生了重大的转折。乡镇企业如雨后春笋般地崛起，农村劳动力发生了根本性变化。挑花主力军纷纷进入了乡镇企业当上了工人。由此，挑花人员顿时锐减。同时，尽管上海抽纱工艺品进出口公司［中国抽纱品进出口（集团）公司前身］根据国际市场的实际情况多次提高万缕丝花边的价格，但终因挑花工作繁难单调、收益微薄，跟不上时代发展的步伐，不再受到年轻人欢迎。加之挑花质量要求颇高，如稍不留意，质量不符标准，不但没有收入，而且还要赔材料费，几天的辛劳就付之东流。以上种种原因，致使劳动力大量转移，只是一些年迈的妇女还在挑花。当时绍兴县（今绍兴市柯桥区和越城区）挑花人数由盛时的15万缩减到七八万，几乎减半。挑花不再是人所向往的行当而被冷落，绍兴万缕丝花边生产也就慢慢地进入了低谷。

面对企业生产状况和国际抽纱市场现状及市场的实际购买力，花边企业必须努力降低生产成本，提高挑花的收益。在创新发展的同时，要走“手机结合”之路，即手工编织物与机器织绣品的结合，在继承万缕丝花边技艺基础上，着力与现代机织、机绣有机结合，部分花样、针法用“机”替代，减少工时，以现有的劳动力增加产量，使企业继续前行。在随后几年中，经绍兴花边厂不懈努力、攻坚克难，各类“手机结合”的新产品、新品种相继问世，如辫子绣花边、蓓蕾丝花边、锭织花边等，如图1-11~图1-19。“手机结合”产品因物美价廉而深受外商欢迎，拓宽了国际抽纱市场，赢得了更多的客户。绍兴花边如鱼得水，生产发生了根本的转变。但不可否认，精湛而富有特色的手工花边逐渐走向式微。

图 1-11　辫子绣花边床罩

图 1-12　辫子绣花边局部

图 1-13　圆形辫子绣镶边台布

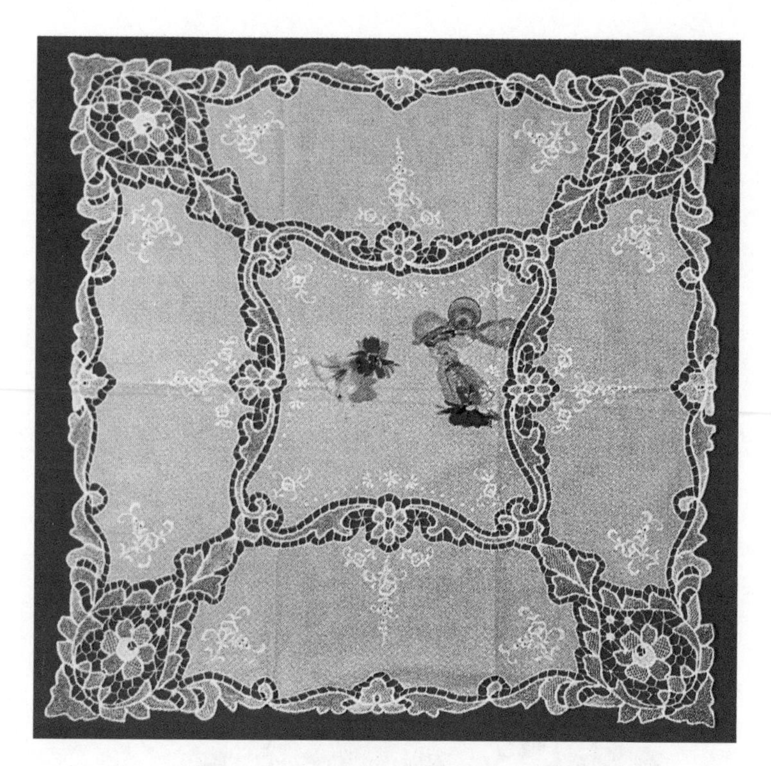

图 1-14　方形辫子绣白精纱台布

图 1-15　蓓蕾丝花边盘垫

图 1-16 蓓蕾丝花边镶边盘垫

图 1-17 花边应用于服饰产品装饰

图 1-18　锭织花边盘垫

图1-19　锭织花边镶边制品（台布、靠垫）

然而，时过境迁，一度曾风靡全球的“手机结合”产品因缺少万缕丝花边的精美技艺，加上产品档次较低，且缺少收藏价值，也渐渐被“边缘化”。手工万缕丝花边和“手机结合”的万缕丝衍生品也随之减少，花边企业又面临生存困境，花边生产渐渐地步入“衰退期”。

众所周知，万缕丝花边生产的根基是廉价劳动力，但是随着时代的前进、科技的进步和经济的发展，廉价的劳动力已不再“廉价”，而且这样的“根基”也已悄然失去。这是万缕丝花边生产走向衰退的根本原因。

20 世纪 90 年代中期，上海抽纱工艺品进出口公司万缕丝科科长王文瑾女士曾去越南考察，意图为这门手工编结抽纱品寻找廉价劳动力，却无所获。

在纯手工和“手机结合”的万缕丝花边渐趋失落之时，机织、机绣品却春风得意、生机勃勃、欣欣向荣、蓬勃发展，产品深受市场追捧和人们喜爱。这是社会进步和科技发展的必然趋势。

机织、机绣生产，市场销售虽然时起时落，也有“峰谷”，但因应用范围广，产品不但可用作实用装饰品，如窗帘、桌布、床罩等，也可用作服装面料或作服装上的镶嵌装饰物，在国际、国内市场上颇受欢迎，且十分畅销，有着强大的生命力。对此，萧山花边厂、绍兴花边厂先后引进了瑞士电脑自动梭式绣花机和日本平冈多头绣花机。为拓宽国内市场，绍兴花边厂还与乡镇企业杨汛桥机械厂合作，共同研制开发纹版提花网扣机。绍兴花边厂贯彻“两条腿走路”的方针，在积极发展外销的同时积极开发内销产品，做到“内外结合、以内促外”，绍兴花边生产跨入了一个崭新的时期，使企业生产蒸蒸日上。

为了扩大再生产，改善生产环境，企业要有像样的“门面”。在这种思想意识的指导下，又在当时所处的形势背景下，绍兴花边厂走上了“负债经营”之路。绍兴花边厂大张旗鼓地征地建新厂，再次引进瑞士的“大机”，以形成规模化生产，来提高经济效益。图1-20所示为大机车间生产场景。同时，在原有“手工绗缝”出口产品的基础上，开发内销绗缝制品，贷款购买日产绗缝机全套设备，形成“一条龙”生产，促使企业生产发展。经过努力，绗缝制品的内、外销均取得了很好的成果。特别是国内销售形势更为喜人，生产有了新的气色。

图1-20　大机车间生产场景

然而，随着改革开放的不断深入发展，新兴产业蓬勃发展，20世纪90年代末，劳动密集型产业却悄悄走向没落，万缕丝花边订单锐减，无法满足生产需要，绍兴花边厂再次陷入前所未有的困境。由于征地建新厂，购买新机，固定资产投资过大，资金十分紧缺。加上企业“底气”不足，入不敷出、债务累累、困难重重。又受1997年亚洲金融危机的冲击，国内销售受到影响，销售相对滞后，资金“回笼”困难。加上当时贷款利息高启，产出效益已不足付息，单靠机绣生产也已无回天之力。同时，在“企业转制，职工下岗”的时代背景下，面临破产的绍兴花边厂，在不得已的情况下，只有房产抵押，卖机还贷，关门息业，职工买断工龄自谋职业，所剩的6台大机也转为个体经营。后来由绍兴花边厂的部分职工组建了绍兴维克多花边有限公司，现落户在绍兴市越城区皋埠镇，如图1-21所示。公司生产运转正常，产品供出口与内销，年产大机绣花边1000万元左右。

图1-21　绍兴维克多花边有限公司外景

回顾历程，万缕丝花边走过了一条“传入—融合—发展—荣盛—顶峰—衰落—退出”之路。随着时间的推移，万缕丝花边已渐渐被人们所忘却。

第二节
万缕丝花边的传承和发展

一、万缕丝花边的著名传承人

时至今日这门中西合璧、注入中华民族优秀手工技艺，经几代人不断努力、创新发展的民间手工艺抽纱品逐渐消失在人们的生活中。热爱这门艺术的人们不愿就此息手，他们想在有生之年，把绍兴万缕丝花边技艺传承下去，记载历史、以示后人。

1. 金孝萱女士

绍兴花边制作技艺由绍兴县非物质文化遗产保护中心申报，列入第四批浙江省非物质文化遗产名录。其代表性传承人金孝萱女士曾是绍兴花边厂的设计人员，也是绍兴花边厂创始人之一，20 世纪 50 年代末曾去浙江美术学院（今中国美术学院）工艺美术系工农兵进修班学习，有较高的花边设计水平，具备一定的挑花技艺能力。她既会设计、又会挑花，是一位名副其实的“花边人”，也是绍兴市级非物质文化遗产绍兴花边的代表性传承人，如图 1–22 所示。

金孝萱

项目类别：绍兴花边制作技艺
传承人级别：市、区级传承人

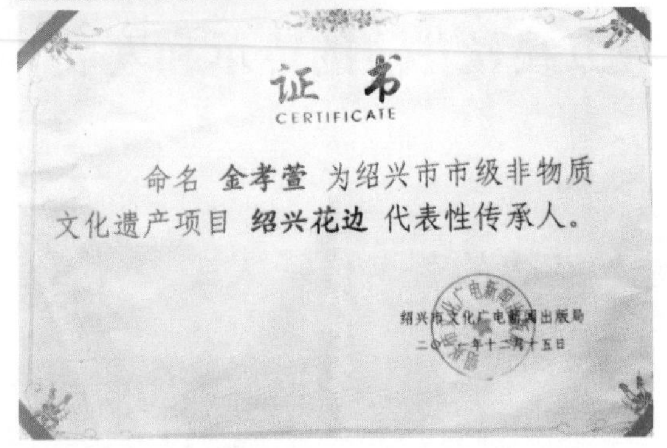

证书
CERTIFICATE

命名 **金孝萱** 为绍兴市市级非物质文化遗产项目 **绍兴花边** 代表性传承人。

绍兴市文化广电新闻出版局
二〇[illegible]一年十二月十五日

图 1-22　绍兴花边代表性传承人金孝萱女士

2. 何耀良先生

何耀良老先生是原绍兴花边厂设计员、副厂长，自 1963 年毕业于浙江美术学院附中后，一直从事绍兴万缕丝花边设计生产30余年，先后负责锭织花边、辫子绣花边、机织网扣花边等多项新产品研发，创作的万缕丝全雕镶边作品获省工艺美术名家精品展优秀奖。

作为高级工艺美术师，他曾获“全国优秀工艺美术专业技术人员”称号，入选《中国当代工艺美术名人词典》。虽然已退休多年，但何老仍心系绍兴花边，不仅收集整理相关万缕丝花边藏品、历史资料，还继续进行创作设计（图 1-23），与绍兴花边传承人倪建荣女士一起完成“春、夏、秋、冬”作品一组。何老还将数十年的工作经验整理成文本，与绍兴文理学院元培学院劳越明老师一起编著本书，期望能将这一工艺美术之花传于后人。

图 1-23　精心设计花稿的何耀良老先生

3. 倪建荣女士

在绍兴还有一位前花边厂职工、挑花能手、市级非物质文化遗产绍兴花边代表性传承人倪建荣女士（图 1-24）。为使绍兴花边传承后人，在绍兴市文化馆的大力支持下，倪建荣女士在绍兴市非物质文化遗产保护中心相继开办了“绍兴花边”体验课。招收部分爱好“绍兴花边”的中青年妇女，亲自担任老师，并自己掏钱买线、买纸划样，手把手地传技授艺、教学挑花（图 1-25），这种公而无私的精神难能可贵。但挑花并非易事，不是一天二天就能掌握。学习挑花相对枯燥乏味，没有其他手工艺课（编织、剪纸、泥塑、面具）见效快而吸引人。真可谓“学会容易精就难，要坚持下去更加难”。同时，还受课时的限制等多种原因影响，虽然倪建荣女士竭尽全力、不厌其烦地传技授艺，但“结果”甚少，十分遗憾。但高兴的是，往日挑花场景又呈现在人们的眼前。绍兴日报社的摄影记者王洋将此场景一一记录，并选登在《绍兴工艺美术》（2015 年版）上。绍兴市电视台《师爷说新闻》栏目也对绍兴花边作了专题报道，唤起了人们对当年风靡一时、尘封 20 多年绍兴花边的美好回忆。

命名倪建荣为非物质文化遗产项目绍兴花边绍兴市市级代表性传承人。

绍兴市文化广电新闻出版局
二〇一六年五月

图 1-24　绍兴花边代表性传承人倪建荣女士

图 1-25　倪建荣女士在绍兴市非遗馆开办的“绍兴花边”体验课中传授挑花技艺

4. 劳越明老师

绍兴文理学院元培学院纺织服装与艺术设计分院的劳越明老师，对绍兴花边情有独钟。她结合服装服饰专业教学，把独特的万缕丝花边手工编织品引入了院校课堂，帮助学生了解绍兴花边的艺术特色和工艺制作，开阔视野，拓展设计思路，提高教育质量。她还申报立项了相关省、市级哲学社会科学重点课题，带领师生开展花边的传承研究。

在劳老师的牵头下，学校邀请原绍兴花边厂副厂长高级工艺美术师何耀良和挑花能手倪建荣女士开设了《一针一线一世界——绍兴花边非物质文化遗产的传承与创新》专题讲座，如图1-26所示。通过授课和视频展示，使学生们真正了解绍兴花边的国际地位、发展历程、艺术特色和挑绣技法。

图1-26　绍兴花边引入高校授课现场

绍兴花边进入校园，引起同学们的强力反响。尤其是服装专业的同学对花边产生了浓厚的兴趣，纷纷报名参加学习，倪建荣老师还进行了挑花演示。此后，倪老师还多次前去学院教学传技。经过共同努力，学生们基本掌握了常用针法的编结方法，并做出一定的成果，如图 1-27 所示。

图 1-27 绍兴文理学院元培学院纺织服装与艺术设计分院学生学习绍兴花边挑花工艺及学习作品成果

5. 赵锡祥、赵建忠设计大师

萧山花边与绍兴花边一脉相承。在萧山有一位荣获“中国工艺美术大师”称号的赵锡祥设计师，他情系花边，执着热爱万缕丝花边。在万缕丝花边即将失传之时，他招徒传艺，意欲把万缕丝花边传承下去，后继有人。另一位则是国家级工艺美术大师、中艺花边集团有限公司董事长赵建忠大师，他秉持“以新养老、以新养精”的理念，在发展机绣生产的同时，把万缕丝花边列入保护项目，安排专人负责，创建萧山花边艺术馆，竭尽全力保护好已被众人所忘的手工万缕丝花边这一宝贵非物质文化遗产。

二、万缕丝花边的传承和发展

为弘扬绍兴传统手工艺品的精华，展现传统文化和民间手工艺品的光彩，保护、促进绍兴工艺美术产品的传承和发展。2013 年国庆节之际，由绍兴市工艺美术协会主办，绍兴市经济和信息化委员会、绍兴市二轻集团公司、绍兴市手工业合作社协办，在绍兴市美术馆举办了“最具影响力的绍兴工艺美术品类、最具影响力的绍兴工艺美术民间艺人”大型展评会。会上用实物、图片展示绍兴民间手工艺品的多姿多采、技艺超凡，吸引了绍兴市民的眼球。所幸的是几乎被人遗忘的绍兴花边也入选参展，通过网络、媒体投票和专家评审，绍兴花边被评为“十大绍兴最具影响力的工艺美术产品”之一，得到了社会、公众的充分肯定（图 1-28）。

在科技突飞猛进的今天，万缕丝花边作为手工艺编结品的瑰宝，已经渐渐被人忘却。通过此次展评活动，让人们再次领略了那独具一格的绍兴万缕丝花边的工艺特色和艺术魅力，并且深深地铭刻在人们的心中。

绍兴花边

绍兴花边，又名万缕丝花边，是一种以棉线为主要原料，经过手工挑绣或编织而成的装饰性镂空工艺美术制品，被誉为“一根线艺术”，产品远销海外，在世界上享有较高盛誉。

绍兴花边工艺，20世纪初从欧洲传入绍兴。1918年8月，由徐方卿带领四名女工来到萧山坎山(当时萧山隶属绍兴)，把意大利手工挑绣花边技艺传授给当地妇女学习，后传艺至绍兴县安昌、钱清，柯桥等地，就此花边编结挑绣技艺在绍兴、萧山一带扎根流行。上世纪六七十年代，挑花边成为绍兴农村的一项主要家庭副业，挑花女工一度达到10余万人。

1954年，绍兴县钱清花边生产合作社成立，后易名为绍兴县花边厂。1964年，绍兴花边联社筹建，至1977年，把安昌、钱清、柯桥、城关镇花边站并入联社，更名为绍兴花边厂，1978年产值达1524万元。

绍兴花边，虽源自意大利挑绣技艺，但与中国民间刺绣工艺一脉相承，通过不断改进融合图案设计与工艺技巧，依托挑绣工们的飞针走线，千丝万缕，使之编结精细，花纹对称，通珑秀逸，素雅隽美，形成了中国民族文化与国外工艺美术技术集于一体的传统手工工艺美术制品。主要品种有万缕丝花边、镶边大套、万缕丝锭织花边、辫子万缕丝和机织网扣等产品，应用于台布、窗帘、盘垫、床罩、枕套、手帕、服饰，是极具观赏性的工艺日用品。产品先后获得轻工业部优秀新产品、优秀出口产品金质奖、中国工艺美术百花奖金杯奖，远销美国、意大利、希腊等　多个国家和地区。

图 1-28　绍兴花边入选最具影响力的十大工艺美术品类

为使绍兴万缕丝花边工艺之花展示后人，给时代留下一些宝贵的遗产，何耀良先生与绍兴花边非物质文化遗产市级传承人倪建荣女士合作，创新设计了多幅“万缕丝花边”作品，赠予有关部门收藏，以留后人鉴赏。

由于实际状况，现在绍兴要挑绣“花工多、用时长”工艺精细的万缕丝花边已是“痴想”。结合实际，取万缕丝花边之精华，用少量的万缕丝花边针法或用省工、省时的较粗的线来制作作品，是很现实的举措，也是一举两得的美事。本着这种理念，2013 年何耀良先生创作了以“春、夏、秋、冬”为主题的艺术欣赏品（图 1-29），作品取名“春桃、夏荷、秋菊、冬梅”。编结技艺精湛、均匀清晰、粗犷傲放、朴实自然，可谓是：

春意盎然醉桃花，
冰清玉洁是荷花，
永保晚节是秋菊，
严冬傲梅一枝花。

图 1-29 以“春、夏、秋、冬”为主题的绍兴花边艺术作品

中华民族的崛起，是中国人的千年梦想。2013 年，何耀良先生创意设计了以“中国梦”为主题的圆屏，如图 1-30 所示。作品中心是“中国梦”字样，牡丹为边饰的圆形图案。用传统万缕丝编结，把优秀编结手工艺融入时代步伐，使万缕丝花边更显光辉灿烂的时代精神。

图 1-30 以“中国梦”为主题的绍兴花边艺术作品

| 中国的骄傲之花 |

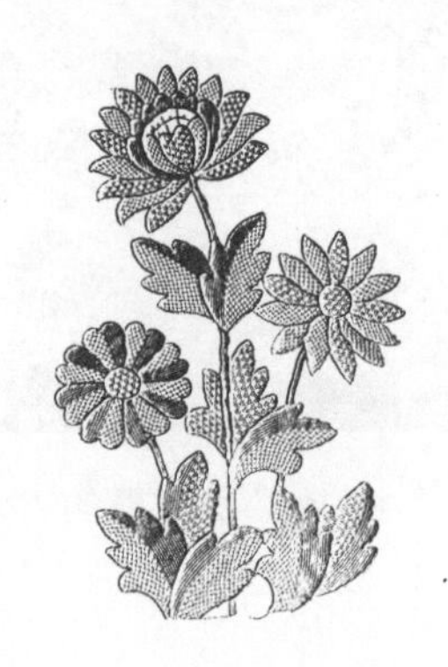

第二章

万缕丝花边的艺术特色

第一节
抽纱制品概述

工艺美术隶属美术范畴。它以实物为载体，运用各种手工技艺、匠心精作而成。工艺美术品是可视性的艺术作品，展示事物之精美，物品之华丽。在制作中，需要创作者用“心”提炼、用“手”巧作，以提升作品的自然美、生活美和艺术美，充分体现创作者的思想境界和对美的理解。

工艺美术品有陈列观赏和与实用装饰相结合的两大类。前者是个人（或几个人）采用雕、塑、刻、画、绣等手工技艺创作的作品，常称工艺美术品（工艺品）。作品展现物体美貌，体现创作者的崇高思想和审美观点，反映时代的特征和社会的风貌。后者是手工制作的集实用装饰于一体的手工艺品，如花边、刺绣、竹编、草编等均为此列。它是众人合作，可批量生产，投放市场的产品，以满足人们对美化生活、美丽人身的与实用装饰相结合的手工艺产品。如抽纱工艺品，幅员辽阔、人口众多的中国，为这门手工艺品提供了足够的劳动力，为中国抽纱产品的生产奠定了坚实的基础。

中国是一个多民族的、有着悠久历史文化的国家，文化底蕴深厚、源远流长。华夏子孙不但有影响深远、推动时代进步的“四大发明”，而且创造了灿烂辉煌的各种民间手工艺品，给后人留下了许多宝贵的文化遗产。勤劳智慧、富于创造力的中国劳动人民，把外来的蕾丝手工制品与中国传统手工技艺有机结合，去泊求精、融会贯通，经后人探索研究、不断创新，造就了一批有着民族文化传统“血脉”的新一代手工艺抽纱品。其图案秀丽又别致，工艺精湛又优美，品类多样又齐全，名扬五洲四海，为中华工艺百花园增添了新的光彩。

中国抽纱制品有编结、刺绣和机绣等多个品类，种类繁多、技艺多样、风格独特、自成一体，在国际抽纱市场中均享有很高的声誉。中国抽纱制品的生产区域很广，东南沿海地区均有生产。以江浙沪、京津、鲁粤闽等地区为著名，这些地区已是中国抽纱制品出口的主要生产基地。

中国抽纱制品之编结类花边主要产自浙江和山东二地。浙江的万缕丝花边，山东的即墨花边、青州府花边、梭子花边、棒槌花边等是编结类花边中较有代表性的品种，如图 2-1~ 图 2-5 所示。

图 2-1 万缕丝花边

图 2-2　即墨花边

图 2-3　青州府花边

图 2-4 梭子花边

图 2-5 棒槌花边

万缕丝花边是线的编结物，对其冠以“线的艺术”恰如其分。它是用线展现图案之美、技艺之绝、品质之优的民间手工艺产品，是抽纱制品中之“最”，被誉为“花边之王”名不虚传。

万缕丝花边是中国抽纱编结花边中“名贵”的出口产品之一。它以图案优美、工艺精湛、色泽素雅、质量上乘而闻名于世。它是中华工艺美术百花园中一朵清秀美丽的奇葩，尤其是驰名中外的重工万缕丝花边，更是各国社会名流收藏和家居的上品。绍兴花边厂生产的牡丹牌重工万缕丝花边曾获“工艺美术百花奖——金杯奖”荣誉，如图 2-6 所示。

图 2-6　绍兴花边厂出品的牡丹牌重工万缕丝花边

第二节
万缕丝花边的分类

图案优美是万缕丝花边精美的基石，也是“出彩”的前提。提高美学理念、精准创新设计，才是万缕丝花边“出彩”的根本。按照图案细密、工针难易、用线粗细，万缕丝花边可分为三大类。

一、重工万缕丝

重工万缕丝图纹细密、针法多样、用线精细，编结技法复杂且难，只有技艺高超的挑花能手才能完成，如图 2-7、图 2-8 所示。当年在萧绍两地会挑“重工”的人为数不多，如今更为稀缺，因而产品尤显珍贵，在民间很难寻觅。

图 2-7

图 2-7　重工万缕丝台布

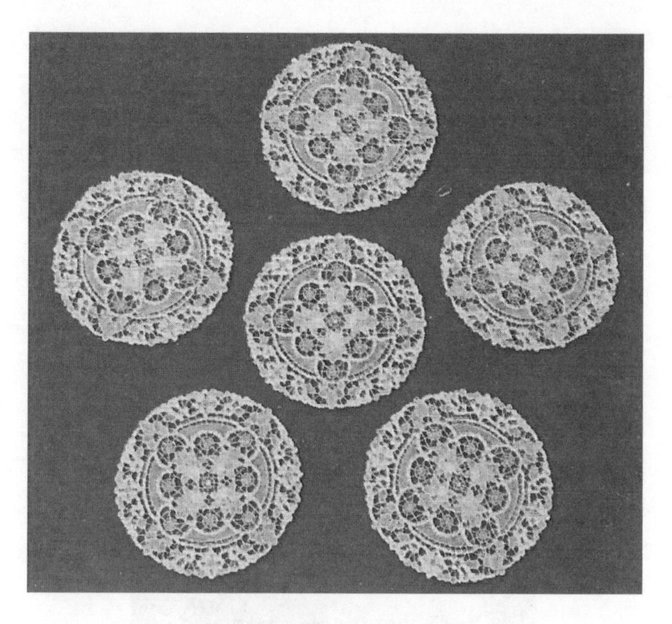

图 2-8　重工万缕丝盘垫

早年，纯万缕丝花边图样，是沿用解放前后上海洋行和花边作坊“打样”师傅传下的花稿。在 20 世纪 60 年代前，绍兴的纯万缕丝花边生产所用花样，因延用“老花稿”，无需设计，只需提供“刷配”所需的花稿，复样、戳样均由朱世根老艺人和金孝萱设计员承担。重工万缕丝花稿编号是 5301、5302，有盘垫、台布等，出口货号统称 5300，如图 2-9、图 2-10 所示。

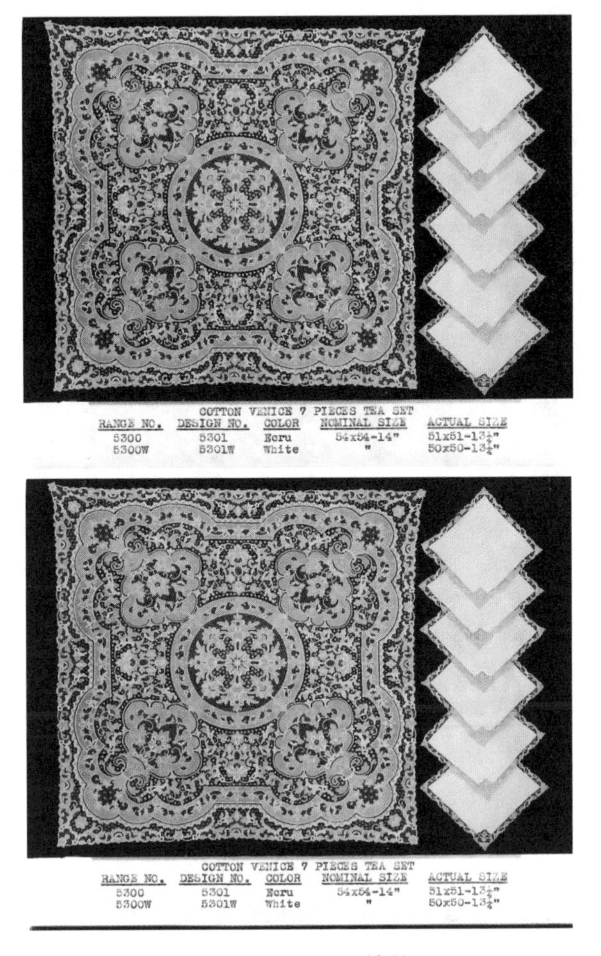

图 2-9　重工万缕丝

图 2-10　重工万缕丝局部

［注：朱世根先生是萧山义盛人，是绍兴花边厂的创始人之一，绍兴花边设计老师傅。曾获绍兴县手工业局“民间老艺人”称号。退休后在余杭临平花边厂从事设计工作，享年 98 岁。］

除了重工万缕丝，还有少量特重工万缕丝，它与重工万缕丝用线相同，但图案更加细密。以小规格多见，生产量更小，出口编号为5400，如图 2-11、图 2-12 所示。

图 2-11　特重工万缕丝

图 2-12　特重工万缕丝局部

二、轻工万缕丝

轻工万缕丝的图纹相对重工万缕丝简约，针法相对简便，花工相对较少，因而产出也多。它是挑花女工最爱的品种，也是绍兴万缕丝花边生产的主打产品，如图 2-13、图 2-14 所示。

图 2-13　轻工万缕丝

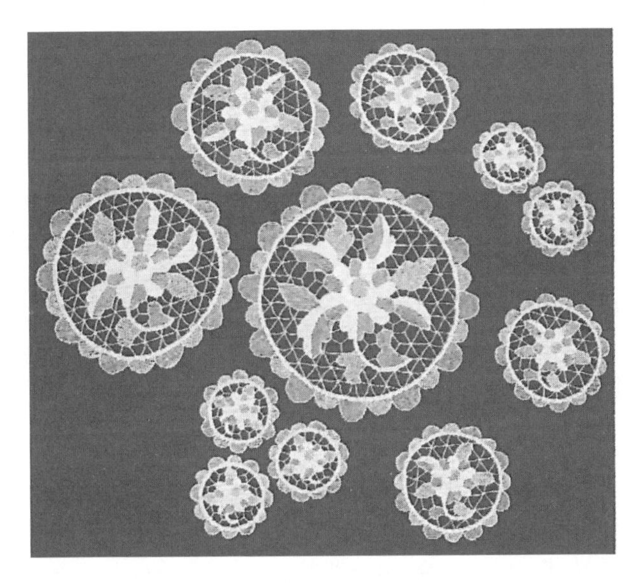

图 2-14　轻工万缕丝盘垫

轻工万缕丝常有花稿（指大规格）编号是 052、043 等。产品有盘垫、长几、台布、床罩、沙发套等，规格齐全，品种繁多，出口统称 5151，如图 2-15 所示。

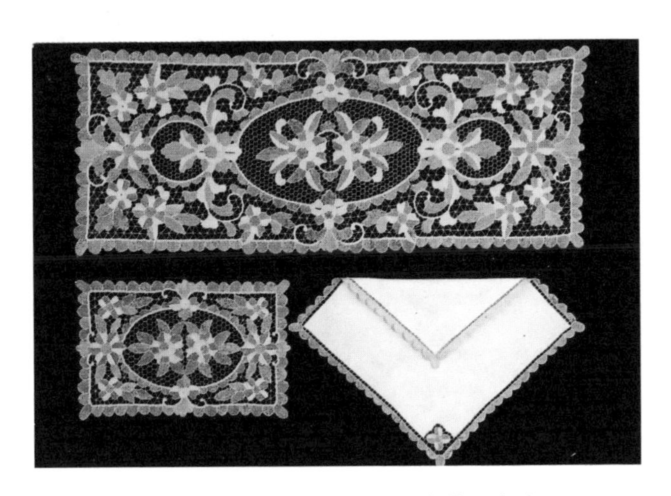

图 2-15　轻工万缕丝长几盘垫、餐巾

还有少量的轻工灰白万缕丝，以盘垫为主，编号是82001。用白线挑面（花、叶等），杏灰线挑旁步和扣边，如图2-16所示。

图2-16　灰白万缕丝盘垫

三、粗工万缕丝

粗工万缕丝是后人为减少工时、降低成本、扩大销路而创作的新品种。具有图案粗犷、花时较少的特点，产品虽不能与轻工万缕丝相媲美，更无重工万缕丝之精致细腻，但因物美价廉而受到市场用户的欢迎。

重工、轻工、粗工三类万缕丝花边的用线粗细也有所不同。重工万缕丝花边用 80s/6 股线（行内叫 100 号线）、轻工万缕丝花边用 32s/3 股线（行内称 90 号线）、粗工花边用 21s/4 股线编结。精制棉线均由中外合资企业上海中德线厂（今上海第三制线厂）特制专供，光亮紧密，品质优良。

四、万缕丝镶边与雕绣

万缕丝镶边和万缕丝雕绣品是花边与布的结合物，如图 2-17 所示。所用面料必须和花边工类、色泽相匹配。一般来说，万缕丝花边常与亚麻布结合，光亮厚实、更显珍贵。而其他创新产品，如辫子花、蓓蕾丝、锭织花边则采用价格较低的 16 磅和 12 磅棉布，以“品”选布，做到恰到好处。随着新产品的开发和创新发展的需要，在原料上也不断革新，如树脂白精纺、树脂白加纱、麻涤等。新原料的运用，使产品面目焕然一新。特别是树脂白精纺更使产品透明亮丽、独特别致，如图 2-18 所示。

图 2-17　万缕丝镶边床罩

图 2-18　万缕丝树脂白精纺镶边床罩

第三节
万缕丝花边的特色

一、工艺精湛

工艺精湛是万缕丝花边精美的体现，而编结（挑花）则是花边精湛的关键。那一张张精致优美的花边均出于心灵手巧的挑花女工之手。只有熟练的“飞针走线”挑花技能，才能挑出千姿百态、栩栩如生的花边。

二、色泽素雅

色泽素雅是万缕丝花边的“本色”。万缕丝花边向以“素雅文静”著称。常用淡雅的米黄色、白色两种（也有少量杏灰色作白色花边旁步、扣边之用）。而米黄色最为多见。米黄色不经洗漂，产品保持线的“原汁原味”，而且便于保管收藏，倍受外商的欢迎。因而销量特别大，这是由欧洲民族风俗习惯应用不同所决定。

欧洲家庭的装饰风格一般分为古典式和现代式两种。古典浓厚而稳重，现代清秀而华丽。古典式装饰配上米黄色台布、床罩及其他装饰品与古典家具融为一体，显得庄重典雅、返璞归真，给人以宁静安稳的感受；而现代式装饰配上明亮秀美的白色花边，秀丽清雅、明亮清晰，给人以优美恬静的享受。

三、质量上乘

质量上乘是万缕丝花边品质的体现，是赋予产品强大生命力的根本保证。要达到这一目标，除了创意设计、精心编结（挑花）外，还要充分考虑花边问世的“产前、产后”各道工序的认真操作、密切配合，方得绍兴花边的高品质。如为保证米黄色万缕丝花边、万缕丝镶边、万缕丝雕平绣的色泽统一，在投产前由专人在晨曦时对线色进行比色、挑拣、分批、编号，在色差基本一致后方可投产。这是确保产品色泽基本一致的重要手段，也是投产前必不可少的重要环节。

为确保产品的高质量，在有关部门的支持下，结合产品要求和企业实际状况，绍兴花边厂于 1987 年自编教材，开展全员质量教育和各项培训工作，增强质量意识，牢固树立“质量第一”思想。为强化管理新立“质量管理科”，由分管厂长负责。同时制定了《各工序操作规程》和《各工种质量标准》，用制度、规则加以保证。并经常进行督促检查和评比奖惩，以提高职工的质量意识，使产品质量更上一层楼。1987 年绍兴花边厂荣获省级“质量管理先进单位”；1989 年万缕丝花边及镶边制品荣获首届北京国际博览会金奖；1990 年万缕丝及花边（镶边）被中国抽纱品进出口（集团）公司评为优质产品；并通过了轻工业部工艺美术总公司的验收，绍兴万缕丝花边产品荣获了国家质量金奖（图 2-19）。

奖状

浙江绍兴花边厂：

万缕丝及花边荣获一九九〇年度优质产品奖。

中国抽纱品进出口(集团)公司

获奖证书

浙江绍兴花边厂

万缕丝花边及展出的镶边制品荣获首届北京国际博览会金奖

图 2-19　企业所获得的奖状证书

第四节

万缕丝花边的价值变迁

万缕丝花边来到中国，是中西文化的有机结合，在中华大地落地生根。尤其是新中国成立后，更是勃勃生机、日新月异。20 世纪 80 年代末，登上了辉煌的顶峰。但社会进步、科技发展、劳力优化、人员转移，在机织、机绣蓬勃发展、蒸蒸日上的同时，手工制作的万缕丝花边却悄然失色。然后，在失色的同时“花边”却从往日的商品渐渐演变成为新时代的“珍品”，成了一种稀缺“资源”，有着极高的收藏价值。

回想往日，记忆犹新。20 世纪 90 年代中期，一张货号为5300—72×108″重工万缕丝花边，价格大约为 7 万 ~8 万元人民币。如今，重工万缕丝已无人挑结，产品稀少、价值连城，更是“一票”难求。在当前，花边日益减少面临失传的境地，虽有为数不多的年迈妇女，还可挑一些轻工万缕丝花边，但价格不断提升，产品十分昂贵。即使花高价也难以得到一张大规格的台布。过去，一张5151轻工万缕丝花边，耗线（32s/3股）约在12000余支（54″/支），假如一个人去“挑”，按一天8h计算，大约要花上近一年的时间。用线之多，花时之长，真可谓“千丝万缕、千辛万苦”，按1989年花边的销售价来估算，每天得到的报酬也只有3元不到，而产品的出厂价也不到千元人民币。

经济的飞速发展，劳动密集型产业“消失”已是必然。虽然一张5151—72×108″纯万缕丝台布现在估价在10万元人民币左右，但挑花女工月收入也不过二三千元。因费眼费神、操劳辛苦，挑花不再是“吃香”的行当，挑花的人越来越少，产品也越来越少。据了解，目前绍兴基本无人挑花，而万缕丝花边的起始地坎山镇尚有少数年迈的妇女在挑一些轻工万缕丝花边。但随着时光的流逝，挑花人日益减少，要挑制大件已是不可能的事，只能制作一些小件“特艺品”，以作观赏收藏之用。万缕丝花边的芳华岁月已成过去，更多只能在照片中欣赏了（图2-20）。

图2-20　万缕丝台布产品

第三章 万缕丝花边的图案设计

第一节

花边图案设计方法

生活是创作设计的源泉，只有深入生活汲取营养，紧抓自然之美，结合万缕丝花边的艺术特点和工艺制作特性，精心设计、不断创新，才能描绘出赏心悦目、美丽耀眼的各种花边图案。

花边图案设计要紧紧抓住“四法”。

一、提炼法

提炼法是把大自然可用于万缕丝花边图案的各种花草、动物、人物等，根据形象特征进行取舍，对繁杂的自然物体删繁就简加以条理化、简洁化，用艺术手法加以取舍，描绘出形象生动、优美多姿的花边图案，如图 3-1 所示。这就是我们常说的“去繁求简、提炼概括”。这是对形象进行高度概括，达到简单明了，使图纹更具典型、更加精美。如图 3-2 中，对花的造型进行提炼变化设计。

图 3-1　提炼法示意

图 3-2 花的造型与提炼变化

二、几何法

几何法就是把各种几何体，如长方形、三角形、方形、圆形、菱形等形体，用艺术手法加以组合，用以构筑各种花边图案的“框架”。这些几何图形在设计中广为应用，它和花卉、叶茎相互配置，使花边图案层次更分明、格局更多样。万缕丝花边图案运用最为多见的是二方连续和四方连续，如图 3-3 所示。构图大都采用对称式、均衡式、旋转式、对角式的适合纹样，如图 3-4 所示。这是花边图案设计中最为常用的设计方法。

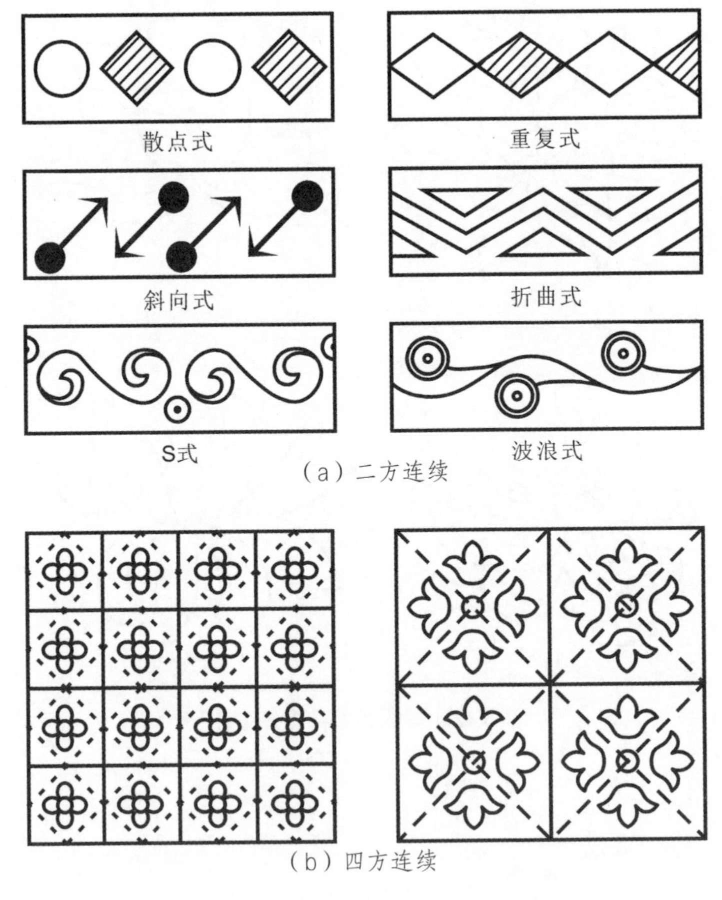

图 3-3　二方连续与四方连续示意

图 3-4　适合纹样示意

三、夸张法

夸张法是图案变化的重要手法，是使图案更具吸引力的手段之一。我们从生活中汲取的自然形象，除了“去繁求简、提炼概括”外，还必须紧抓形象的主要特征，用艺术手法加以夸张造型，使形象更有特征更显个性，如图 3-5 所示。正如借鉴绘画中漫画的艺术形象夸张手法，紧抓形体主要特征加大或减小，增强或减弱，提升型体的美感，如图 3-6 所示，创作设计出多姿多彩、形象生动、活泼可爱的图形，运用于花边图案设计之中。

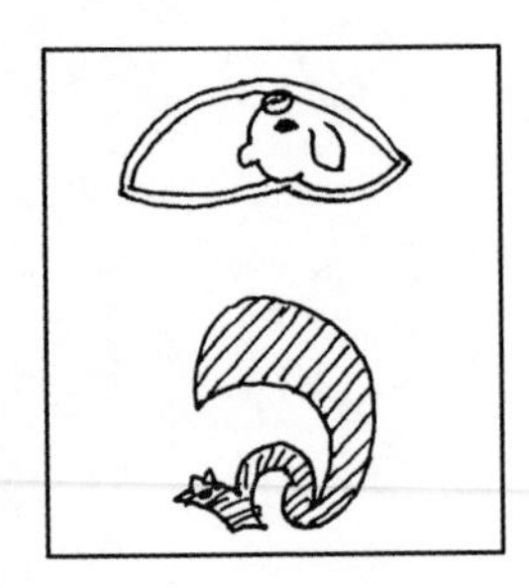

图 3-5 夸张法示意

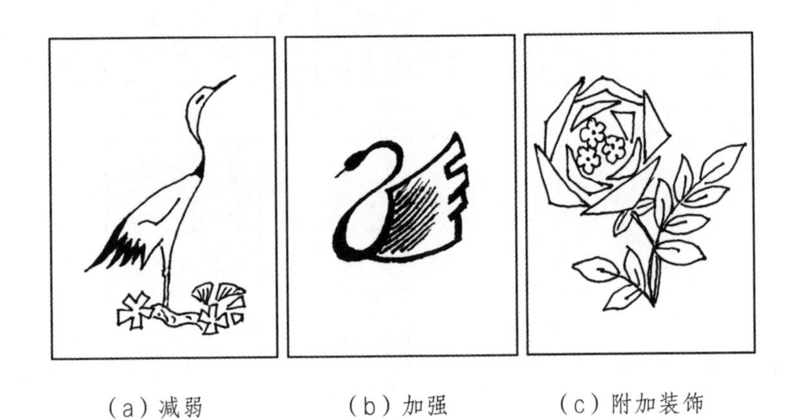

（a）减弱　（b）加强　（c）附加装饰

图 3-6 图形的夸张处理示意

四、装饰法

所谓“装饰”，就是主题确定后，在图案整体布局中，用各种元素加以配置美化，有机结合、互补互助，形成整体形象更趋生动活泼、图案更加艳丽完美，如图 3-7 所示。

图 3-7　花边图案设计示意

装饰是一门艺术，是工艺美术设计的艺术手法，更是万缕丝花边设计的核心。在众多元素的安排上，要遵循主次、虚实、大小、繁简、动静等工艺美术设计原理，处理好整体与局部、统一与变化、对比与协调的关系。这是工艺美术品也是抽纱工艺制品之"灵魂"。只有这样，才能真正体现花边图案的结构美、层次美、韵律美、形象美，如图 3-8 所示。

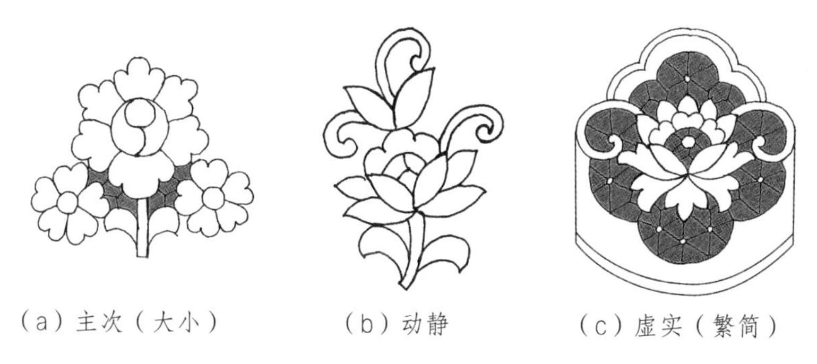

（a）主次（大小）　（b）动静　（c）虚实（繁简）

图 3-8　花边图案设计原理

只要牢牢把握以上几个方面，在花边创新设计中，就能得心应手、运用自如。

第二节
花边设计的步骤

花边设计可分以下几个步骤进行。

一、以品定格

花边是以英寸（1″=25.4mm，下同）为单位，所以要用英寸为单位按设计产品所需划好九宫格、米字格、米字九宫格。通常正方形图案采用米字格或九宫格，而长方形则采用米字九宫格划格，如图 3-9 所示。36×36″以上方或圆、长方均取其产品规格整体的四分之一构图设计，而小规格如 4×4″、6×6″、8×8″、10×10″等圆形或方形盘垫和 8×12″、12×18″长方或蛋圆（行内俗称，即是椭圆形）可自由布局。如果同一类别，则要同“意”配套设计；长几套是茶几上长条形装饰物，如 18×36/45/54″等，以 9″为计量单位递增构图，大都采用二方连续式设计方式，如图 3-10 所示。

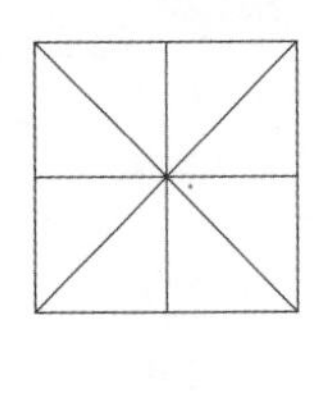
（a）米字格

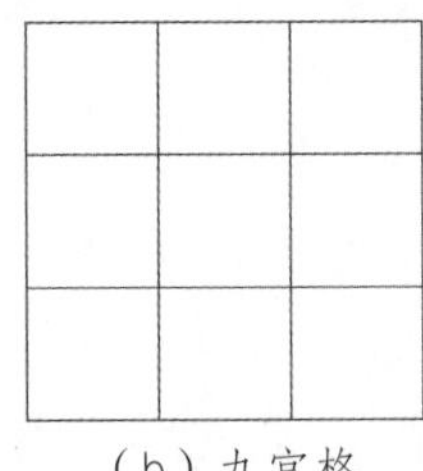
（b）九宫格

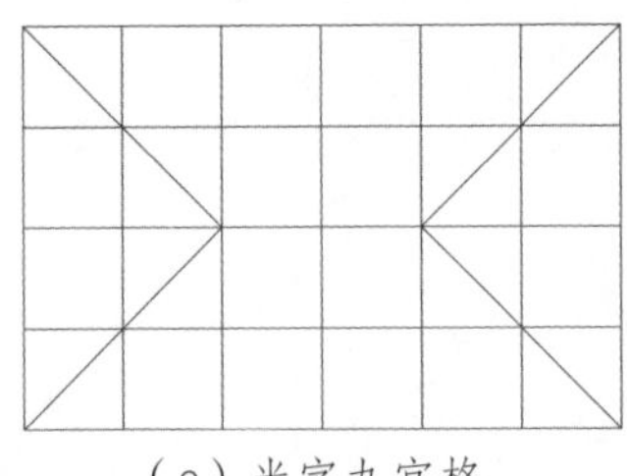
（c）米字九宫格

图 3-9　用于花边图案设计的定格规范

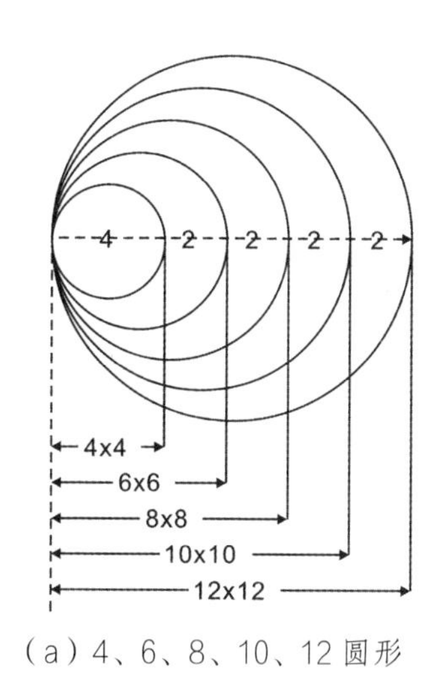

（a）4、6、8、10、12 圆形

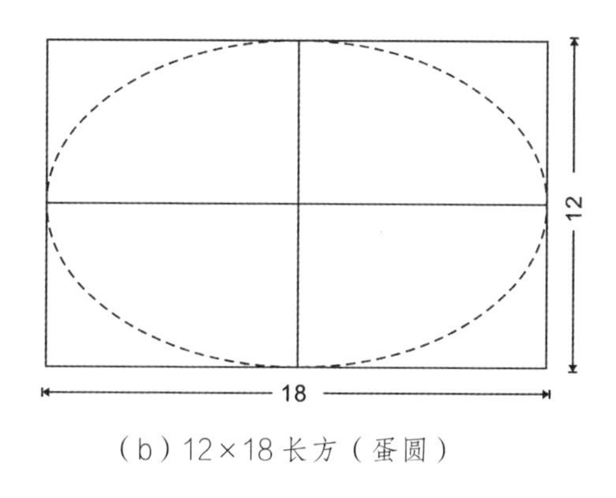

（b）12×18 长方（蛋圆）

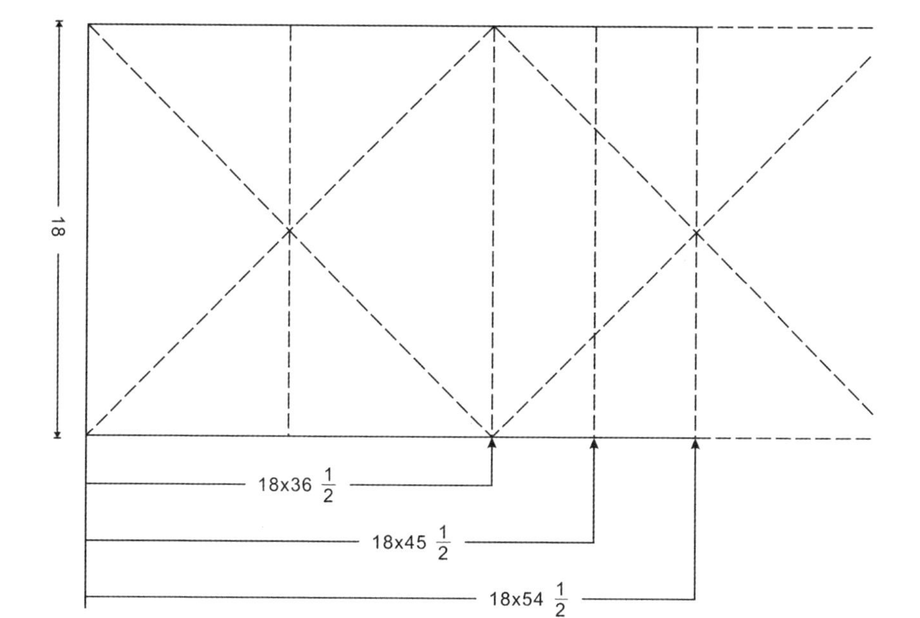

（c）18×36/45/54 长几套

图 3-10　方、圆、长方规格示意（单位：英寸 /in）

二、构思布局

所谓“构思”，就是构想和思索。设计人员要依据产品的用途和销往的国家，取规格的四分之一进行有针对性的构思布局。首先在“九宫格”的图纸上，构画大的“骨架”，然后按事先的构想（小稿），以对称、对角“分割”部位，用对称式、均衡式、连续式进行图案布局，如图 3-11 所示。做到主次分明、疏密相间、变化协调、活而不乱、静中见动、动中有序，以达到主题突出、相互呼应、错落有致，勾勒出生动活泼、多姿多态、赋有层次感和节奏感的花边图案。图案组合要有章法。在布局时注重局部与整体的关系，“实面与空白”的关系，使设计的图案结构严谨、完美无缺。

图 3-11　花边图案构思布局

抽纱制品是以实用为先，所以在设计时，结合产品的实际用途（如台布或床罩），要有平面设计转化为立体造型的意识。合理安排整体图形，做到主题突出、里（面）外（垂）呼应，从“五面”，即四面和中心面装饰着手，不但注重主面也要考虑垂面，把最美的主题纹样置于最主要的部位，创作出尽善尽美的花边图案。

总而言之，主题、架式、变化、统一、节奏、韵律是花边图案设计之“魂”，也是花边设计人员必须具备的理念。

三、取材绘制

传统万缕丝花边图案一般都是以花卉为主题的。大自然为我们提供了众多的艳丽花朵，有富贵荣华的牡丹、蓓蕾绽放的玫瑰、潇洒秀逸的菊花、寒冬傲立的梅花、晶莹欲滴的葡萄等。设计人员根据花卉的特征，运用艺术手法，化繁为简，经“变化造型”创造出既美丽、又适合编结的各种花边图案。在主题确定后，配以相互适应的各种几何图形、花瓶、花篮、飘带和卷草等素材组合。交替使用，使纹样更显生动活泼、优美无比。图 3-12 为花卉元素造型变化设计，图 3-13 为葡萄元素造型变化设计。

图 3-12　花卉元素造型变化设计

图 3-13　葡萄元素造型变化设计

万缕丝花边是用线编结，用各种针法展现万缕丝的“容貌”。所以图稿完成后，在工针的布局上也至关重要。作“面”的针法多种多样，有实有虚、有松有紧、花式繁多。设计人员要根据针法“虚实面容”，按主题需要合理配置工针。尤其是用旁步串联实面的针法也是多种多样，要根据主图需要而合理搭配，做到主次分明、虚实得当、相互托衬、赋予层次，使图案更趋完美，如图 3-14 所示。

四、图稿分拆

一般小规格的产品是独立图样，无须分拆。而较大规格的花稿，需分割成有规律的图样，以不损图样结构，并适合编结为原则。“化整为零”分成多张小图，编上分号，注明用量。例如一张 72×108″台布，要分拆成 13 个小样，由近百张分号图样组成。因为花边图稿设计大都采用对称式、连续式，所以其中多数花稿有重复性。在图稿分拆时要做到大小得当，便于挑花。尽可能保持图案分拆完整合理，以利拼接为原则，如图 3-15 所示 8×12″长方形盘垫可分为左右图稿分别挑绣，后续再拼合。这是万缕丝花边图案优美、光彩照人的根本保证。

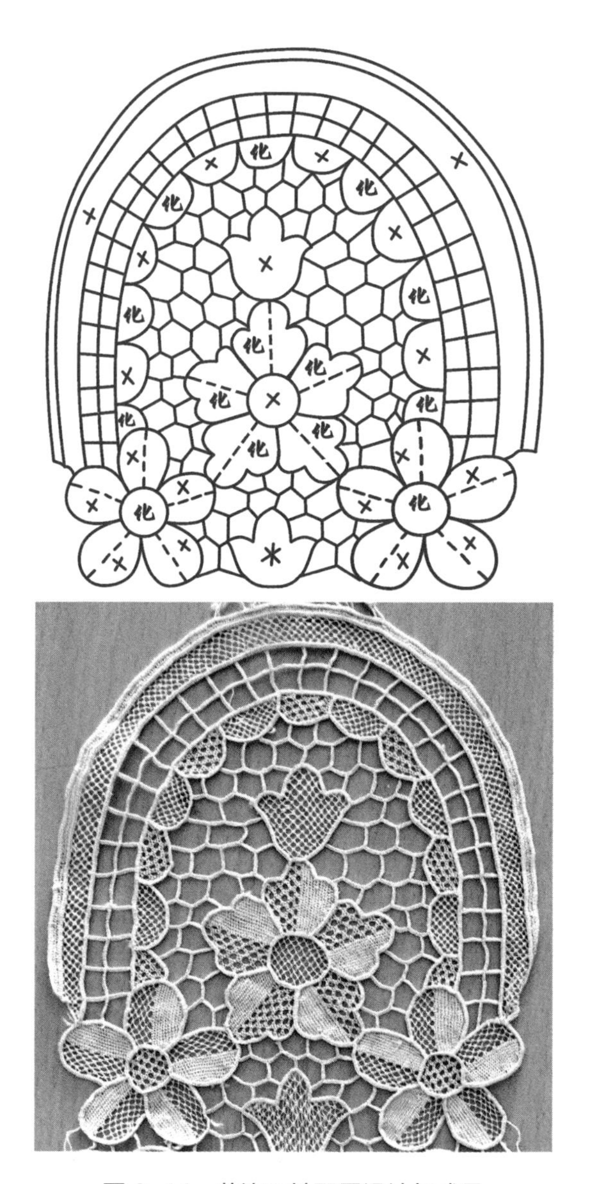

图 3-14　花边工针配置设计与成品

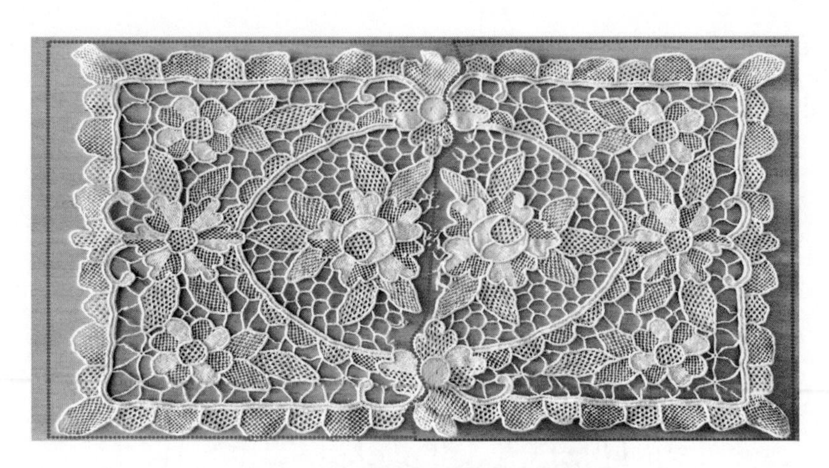

图 3-15　盘垫花边图稿分拆示例

设计与产销密切相关，着力搞好创新设计，不断扩大产品销售，努力发展花边生产，这是设计人员义不容辞的任务。

第四章 花边挑制

第一节
挑花的重要性

图案优美是万缕丝产品的基础，而挑花（编结）工艺是万缕丝花边技艺精湛的保证。万缕丝花边生产是一项劳动密集型产业，是千家万户大合作的产物。只有挑花女工的精心编结，才能真正体现万缕丝的精华。万缕丝花边挑花要做到针法疏密一致、均匀统一、明亮透彻、光滑平整、清洁无污，如图 4-1 所示。尤其是不经洗涤的米黄色产品更为重要，要确保产品的“眉清目秀”。

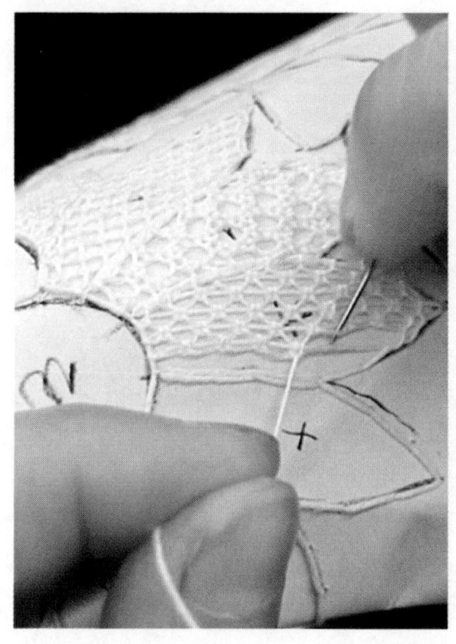
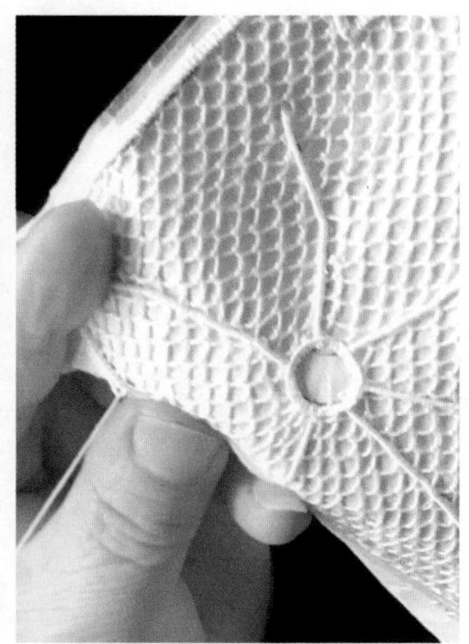

图 4-1　万缕丝挑花

万缕丝花边是千万挑花女工辛勤劳动的成果，也是集体智慧的结晶和个人才华的展现。例如一张 72×108″（183cm×274cm），面积约 $5m^2$ 的台布，若大的花样不可能独自一人去完成。为便于编结，必须将台布图样“化整为零”，分拆成多张小样，分发给挑花女工去挑结，再“以零为整”按设计图稿拼接、复原。要使产品技艺精湛、白玉无瑕、光彩夺目、栩栩如生，就要有一套工针编结的质量标准加以管控，并严格执行。因此，挑花质量的优劣决定了产品的品质。所以，挑花女工必须严格按质量标准编结，把合格的“散花”按时交给花边收发站。

在“回花”时，收发业务员要对花边按质量标准严格把关，这是确保万缕丝花边品质十分重要的环节。业务员要做到“无情无义”，把好产品质量的头道关。收发站早先是由地方乡镇政府管辖，随着生产发展需要，花边加工生产收编于花边厂，收发站就统一归属绍兴花边厂管理。

第二节
挑花的步骤

万缕丝花边的挑花步骤主要包括以下工序，如图 4-2 所示。

一、缀工

在印有花样的白纸上，下层垫上牛皮纸，确保平挺，用单根

12s/3 股粗线，沿花叶、茎根及其他图纹用 42s/3 股缀线订牢，与绘画中的白描相仿。缀工要做到紧实均匀不走形。如有龟背旁步和小实针设计的花样，则根据编结需要，要提前进行空缀以防走样。

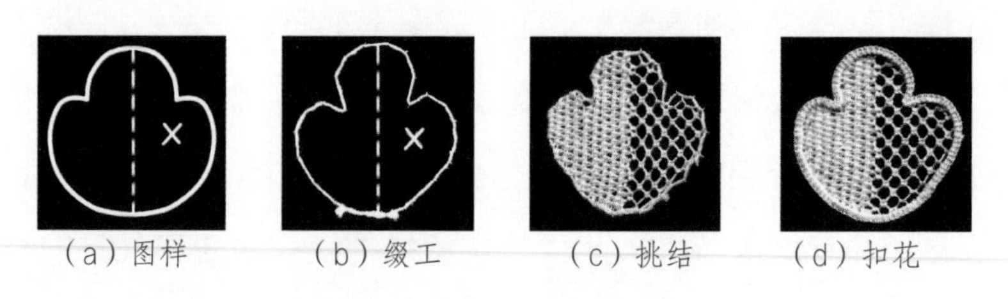

（a）图样　（b）缀工　（c）挑结　（d）扣花

图 4-2　缀、挑、扣实样

二、挑结

按花样所示工针符号挑结。做到针结均匀平服、清晰匀称、紧松一致，不漏针、不错针。并用旁步串联花、叶、茎等实面图形。

三、扣花

在挑结完后，沿花、叶、根、茎边线内平垫两根 12s/3 股粗线与原先缀的一根底线，用锁扣眼一样的针法，沿边“扣锁”，类似于中国工笔画的勾线。在平面中见“浮突”，使花边更有立体感。扣针要做到平实均匀、不紧不稀、圆滑流畅、生动活络。

四、拆线

在上述工艺完成后，用剪刀和镊子拆去背面的缀线，撕去背纸，一张精美的万缕丝花边就呈现在你的眼前。

拆线完成后，还要把牛皮纸上的“印章”（样号、规格、分号、批次等）剪下，别在花边产品上，以示区分产品货号、规格、批次，表明花边的“身份”。然后去各收发站（点）“回花”，经验收合格后领取“工钿”。

以上就是万缕丝花边编结（挑花）的全过程。

第三节
万缕丝花边的针法

万缕丝花边的针法多种多样，花纹千变万化。常用针法有实针、网眼、花三针、串线、小实针及各类旁步，如图 4-3 所示，这些针法主要用于轻工万缕丝花边；而重工万缕丝花边除了上述针法外，还有蛇皮、金针、绕实针和累丝等编结难度较大的针法和各种花式旁步，如牛车旁步、双圈旁步、茴香旁步等。

万缕丝花边的针法编结，真可谓是“学会容易精很难”，要真正编结出鲜活的花边产品就更难。只有不断学习和锤炼，具有扎实的基本功，把握好轻重、紧宽的“手势”，挑花才能得心应手、游刃有余。当然挑花还要具备细心、耐心、恒心的心理素质，否则很难挑出高质量的精美花边。

万缕丝花边的编结方法虽然很难，但也是有章可循的，其基本原理是扣针法。各种针法只是按工针所示，循序渐进编结。即“大孔套几针，小孔套几针”，正来反去、大孔小孔、多针少针、来回往返，一行一行编结。就这样，在灵巧之手就能编结出形态各异的万缕丝花纹。

图 4-3　万缕丝工针示意及编结小样

第四节

常用工针的编结方法

鉴于现实状况，便于读者学习挑花，在此简要介绍轻工万缕丝花边常用工针的编结方法，如图 4-4 所示，较难的针法则不作推介。为便于表达，图中实样是用 21s/4 股线编结。

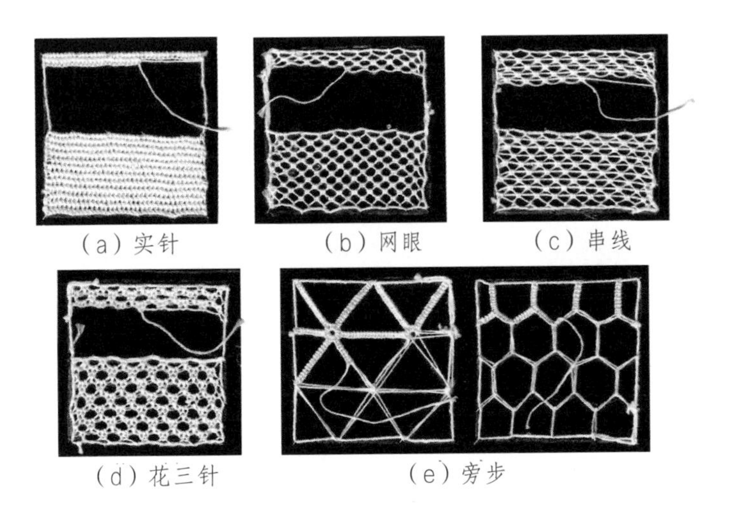

（a）实针　（b）网眼　（c）串线

（d）花三针　（e）旁步

图 4-4　轻工万缕丝常用工针编结方法

一、实针

实针符号是“空白”或“‖”，挑法如下：用挑花用的 9 号缝衣针，穿上 32s/3 股线（以下相同），在缀好的花样上，从花叶缀的边线上从左起头，用扣针法扣齐，然后从右到左绷一根线，再从左到右用扣针法一针一针扣上，重复进行，直至完成。实针花纹顾名思义就是齐整紧实、密不通风。质量标准是每厘米 13 ~ 14 针（直为 7 ~ 8 皮 /cm）。

二、网眼

网眼符号是“乂”，挑法如下：在花样上，沿花型缀好粗线上从左到右起头，先大孔一针紧跟一针，再大孔一针紧跟一针，以此到边。然后从右到左，再大孔挑二针，重复进行。按此针法，从左到右，从右到左，皮皮编结，来回往返反复进行，挑满为止。网眼是取渔网结法而来，故又称“网针”。花纹均匀透明、孔洞均称、整齐划一。质量标准是每厘米 4 ~ 4.5 孔。

三、串线

串线符号是“氺”，挑法如下：基本和网眼相同。只是在网眼针结中串有一根线，所以又叫串线网眼。串线一般在对称图纹中较为多用。花纹较网眼厚实。但必须从左到右挑，从右到左绷一根线。以此循序编结。质量标准是每厘米 4 ~ 5 皮（直为 4 个结）。

四、花三针

花三针符号是“化”，挑法如下：从右到左，先一针大孔，紧跟一针，依此到边。然后从左边到右边，大孔挑三针，小孔挑一针；回过头来，再大孔挑二针，重复进行，挑满为止。花纹疏密均称、圆孔排列有序，孔洞要圆。质量标准是每厘米 2.5 ~ 3 个孔。

五、旁步

一般常用的旁步是六脚、龟背、牛车三种。挑法如下：先用双线照样绷后，挑时再加一根线，用扣针排齐挑满，到交叉处必挑二针，方可转到另一脚。按此法挑扣，直至完工，六脚的连接处才会显现清晰的小圆孔。另龟背旁步应在缀花时，根据纹样决定是否空缀，再按旁步挑法编结法，从左到右、从上到下，一皮一皮编结。要求整齐平整、松紧一致。质量标准是每厘米 14 ~ 15 针。

小实针即在六脚旁步交接处用小圆替代，小圆采用实针法编结，做光洁、不扣边，所以也叫做光实针。但小圆与旁步相连处要缀紧缀实。

六、扣针

扣针是“挑花”的最后一道工序。挑法如下：根据花样要求，在所有工针挑完后，内垫二根粗线连同开头缀的一根粗线，对花叶、根茎和其他花纹进行扣花。扣针如同锁纽扣洞相同。从左到右扣边，扣针边朝外。扣针是花边定型的重要工艺，也是万缕丝花边产品展露芳颜的关键。扣针圆润活络、整齐均匀，才能使花边神采奕奕、尽善尽美。质量标准是每厘米 14 ~ 15 针。

各种图案均是弯曲变化的，并非图例那样笔直不弯。故挑花时必须在弯曲的底部开始起头，从上到下挑结，根据图形要边挑边放、挑到下边时要边挑边收。使针法完整平服、花纹排列有序。如图 4-5 所示半实半网的花瓣，要先挑实针、后挑网眼。

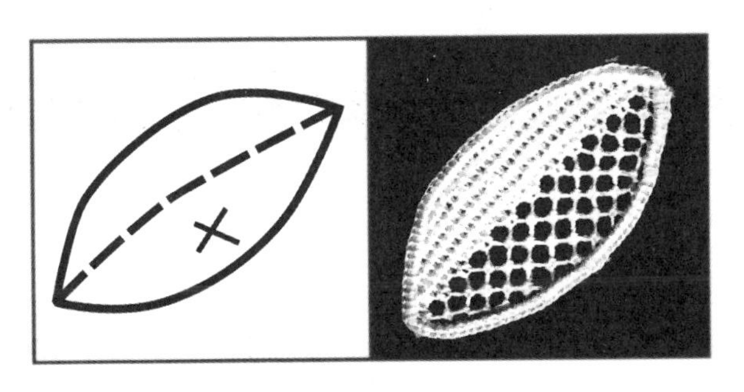

图 4-5　半实半网花瓣挑花实样

重工万缕丝花边的工针难度较大，也难以推广。具体挑法在此不作介绍，可参看第二章展示实样。

第五节

常用绣花工针

在万缕丝花边产品中视品类不同有时会选择加入刺绣工艺。绣花有平绣和垫绣两种，而平绣又有绷绣和捏绣之分。万缕丝镶边大套和万缕丝雕绣花边的绣花工针主要有以下几种：胖花（又叫包花）、扣针、阔扣、扣档、别梗、切针、葡萄、拉丝、旁目、纽工等。应根据花边的品类和工艺的简繁，进行绣花工针的合理选配（如图 4-6 所示）。

图 4-6 旁目、拉丝绣花盘垫

在万缕丝花边中所采用的绣花工针的刺绣技艺和质量要求同样较为明确，常用的几种工针如下，具体针法如图 4-7 所示。

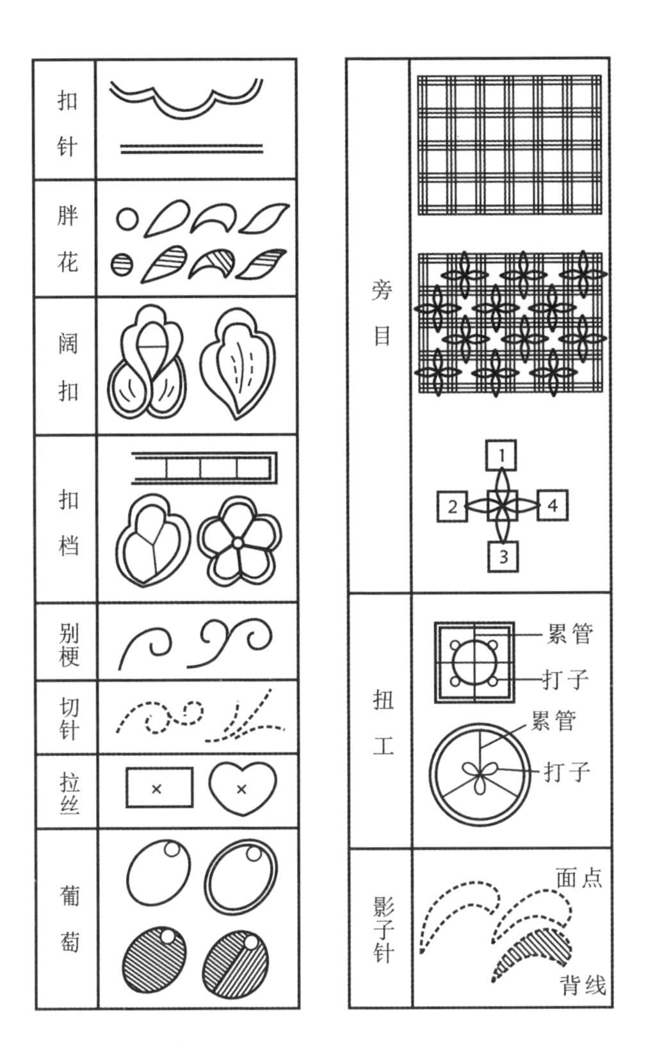

图 4-7　常用绣花工针示意

一、扣针

扣针也叫扣边（用双线表示）。绣法如下：与衣服的纽扣眼一样。从右起头针上，然后左下，最后针右上套过线圈拉实，后相同。扣针一般朝外，但与旁步相连时向里（向旁步）。

质量要求是每厘米 14 ~ 16 针。扣针均匀，宽度相等（为四纱），平服齐整。

二、胖花（包花）

胖花有圆胖、长胖、瓜子胖等。绣法如下：上下来回针，圆头开绣要有一定斜度（45°）。

质量要求是按样绣制，花样做满，不露兰印（尤其是米黄色布），斜向一致，光洁平整。

三、阔扣

阔扣是“扣”的延展，和扣针相连的图样则做阔扣；而与别梗相连的做胖花。如与旁步相连的扣边朝里。

绣法同扣边。

质量要求是平整光洁，排列整齐，不走样，不露底，不叠针。

四、扣档

扣档也称旁步，绣法如下：先用二根线打底，绣时再绷一根线，做法与扣针相同。（后道工序的雕档即是将“档”后的布面剪去。）

质量要求是每厘米 14 ~ 16 针。“档”与扣边要套牢，弯曲流畅、平整均齐。

五、别梗

别梗用单线“——”表示，绣法如下：从下到上起针，隔六纱下针，再从下后回三纱，在线的左边上，第二针再隔三纱下，然后回转在原针洞孔左面上，以此循环。

质量要求是直线为三纱，转弯处为二纱。按样做，均齐一致，流畅圆稳。

六、切针

切针用虚线“———”表示，绣法如下：从下到上起头，向后隔三纱下，再从下向前三纱上，然后从原针孔下，以此反复。

质量要求是每针三纱，均匀圆顺。

七、葡萄

葡萄有两种，即“单包”和“扣包”。绣法如下：先用纱线横向打底，内嵌棉花，然后用绣线直向绣制；包扣葡萄则在单包葡萄外加一圈扣针，但要先扣后包。葡萄孔洞约占四分之一或五分之一。

质量要求是棉花垫底适当，面光洁整齐，高低一致，口子要圆。

八、拉丝

拉丝也称“硬拉”，用“X”表示。绣法如下：先将绣线对劈成两根，然后用对劈的线在布面隔三纱一针，再从右到左，上下隔三纱一针，依此来回，做满为止。顾名思义，拉丝是在布面上拉出有规律的小孔，类似网纱，实中透虚、晶莹剔透、熠熠生辉。

质量要求是轻重一致，拉眼清晰。

九、旁目

旁目用“井”表示，绣法如下：用对劈的绣线绣制。首先把要绣制的部分布面抽去布丝（抽二留三）然后绣制，隔皮交叉绣花眼，中间交叉、相互套牢、避免散开。

质量要求是花眼清晰，抽到扳到，光洁不毛。

十、扭工

扭工又称“牛鼻儿”，绣法如下：先做“累管”。用两根底纱，一根做线打底，用线缠绕，然后，做圆圈旁步和打子，要边做边打，相互穿插。圆圈旁步的做法与档打子做法相同，均在针上绕 16 转后戳在底线上。然后做“档”，依次完成。

质量要求是绕针要紧实而圆，平整而不反起。

万缕丝花边选配绣品选择的是浙江本土的台绣。台绣虽无中国“四大名绣”色彩艳丽、生动活泼，但具有色泽文雅之特点，与万缕丝花边更加适合。绣花用线是 24s/4 股和 20s/4 股米黄色、白色两种丝光绣花线。由上海中德线厂特供。高端的万缕丝花边与浙江台州绣花融合是前所未有，两者结合相映成趣、独树一帜，可为万缕丝花边发展创出一条新路。

第五章 万缕丝花边的生产工序

第一节
花边的设计与配制

万缕丝花边的生产，前后要经过设计、配制、挑绣、拼镶、洗烫、检验共六道工序，近 30 个环节。

作为商品的绍兴万缕丝花边，先进行图样设计，如图 5-1，然后需要对花稿进行分割拆样，对分拆小样的用线、加工费（挑花的薪酬）进行测算。花边是按“码”计算用线和加工费，并按工价核定挑花工资。为确保价格的基本合理，除了传统万缕丝“老样”外，一般都要“试样”，力争花样的用线基本正确。多减、少加，按线支确定挑花价格，并将工价在图样上表明，做到公开透明，可足额付给挑花女工薪酬。万缕丝花边作为出口抽纱品，不但要鼓励挑花女工的积极性，而且还要考虑国际抽纱市场的购买力。所以，花稿图案要适合外商“口味”外，更要注重价格的适宜，它在一定程度上制约花边生产的发展。上海抽纱进出口公司对花边销售价做了多次调整，从 20 世纪 70 年代（如 1978 年）出厂价的 0.925 元 / 码到 80 年代末（如 1989 年）调到 3.845 元 / 码，10 年内提高了 4 倍多，但仍然跟不上经济发展的步伐。

在花样核算定价完成后，接下来就是戳样，如图 5-2 所示。戳样是在分拆的图样上，夹多层半透明玻璃纸（镶边大套中的绣花部分

图 5-1　万缕丝花边花样设计

是用薄型透明树脂塑纸），外沿别牢，以防走样。然后用 9 号缝衣针（后改用针灸针）进行刺样。以点成线，展现图形。戳样最初是手工操作，花时多、效力低。随着生产的发展需要，企业自行革新了戳样机。使用戳样机后，大大提高了工效。

图 5-2　万缕丝花边戳样

戳样是花样的“翻板”，也是挑花女工挑花的依据，因此戳样质量的好坏十分重要。必须做到按样刺孔，针孔均匀，不密不稀，不漏戳不戳错。

戳样完工后，由专职人员对刺样进行认真仔细地校对。严格把关、谨防漏戳，做到图纹完整，这是保证万缕丝花边产品质量的前提，应确保万无一失。如有闪失，因戳样而使挑绣花样不完整，就要补挑、补绣，不但费工费时，而且还影响质量，耽误出口合同的履行。因此，对刺样进行认真校对，是企业在沉痛的教训中做出的选择，这样才可以大大地减少产品的返修率。

经核对无误的样稿连同预先花样编造的清单（货号、规格、分号、用量、用线量、工价）一同移交刷配车间。由刷配车间进行刷样、折样、拷印、配线、包扎成筒花。筒花就是刷好的样子配上稍大于纸样牛皮纸，对折后，把挑花用的线和其他辅助用的线材一起卷成筒状，并用 42s/3 股缀线捆扎而成。之后将筒花送到钱清、安昌、柯桥、城关镇等花边收发站，再由各收发站分发到挑花女工手中。

第二节
花边的绣制与整烫

挑花是万缕丝花边质量保证的根本，挑花女工应严格按质量标准一丝不苟地挑好每一针。挑花女工再将合格的花边按时去花边收发站“回花”。

各收发站业务员则将回收的合格的散花按批次造好单子，成套上解。企业对上解的花边进行色泽、工针分类配套。尤其是米黄色花边，除了工针编结基本统一，还要注重色泽基本一致。这是万缕丝花边品质保证的重要工序。此工序行内称为“理品”。理品是将每件产品按货号、规格、用量配套成件，用 32s/3 股拼花线捆扎。再分发给拼花社和个体户拼接成件。

拼花也是所谓“化整为零”再“化零为整”的工序，如图 5-3 所示。20 世纪 50 年代后，绍兴县城关镇蕺山街道成立了“拼花社”，有拼花女工三十余人，承担了大部分万缕丝花边的拼花任务。拼花是图样分拆后的还原。要求做到拼接紧稀得当，不漏针、不错位，产品平服、整洁、无污，完工上交，验收合格后开票领酬。

镶边制品中的万缕丝“圈子”拼接和万缕丝花边拼接相同，然后移交镶装部门配上绣花布，发给个人在家中完成镶装。镶装要做到扣针齐整、平服，“冲边”（与花边相连的边布用剪刀剪去）要求光洁无损，验收合格后，付给镶装工资。之后将回收的花边和镶边成品，移交下道工序洗烫车间进行洗烫作业。

图 5-3　万缕丝花边拼花

米黄色万缕丝花边和米黄色镶边制品都是不经洗涤直接整烫的，故干净无污尤为重要。而白色产品则要进入去污上浆、烘干初烫工序。随着生产的不断发展和实力的壮大，企业购买了多台蒸汽烫平机操作，大大地满足了生产发展的所需。

接下来的工序就是给花边“整容”——烫花。该工序也是万缕丝花边和镶边制品的重要环节。产品的炯炯有神、神韵清奇、平服齐整、规格到位均出于烫工之手。产品做到干燥不焦，按规定折叠整齐，方可送达成品车间检验。

成品检验是产品质量保证的最后一道工序。验收人员对产品的规格尺寸、花形、色泽，是否无损伤、无漏针，都要严格把关。在确保产品优质的前提下，方可订上票签，表明“身份”，按出口合同包装出厂，送至上海抽纱工艺品进出口公司。图 5-4 为万缕丝花边整烫检验工序。

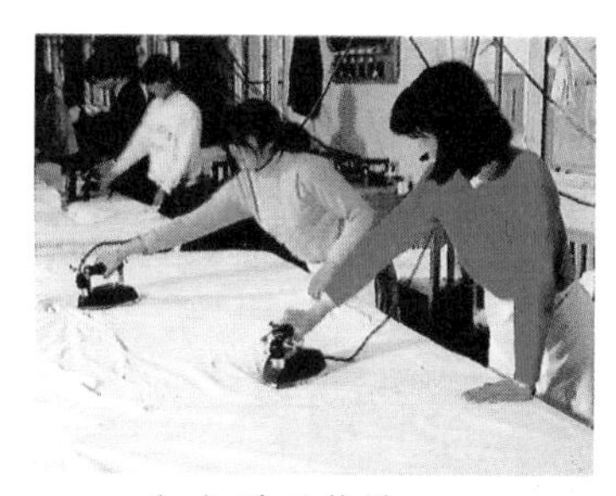

（a）手工整烫

（b）订票签

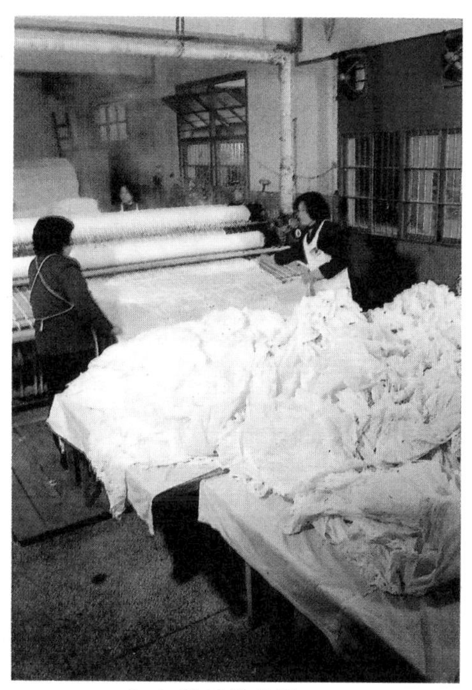

（c）烫平机整烫

图 5-4　万缕丝花边整烫检验工序

第三节
花边的质量管理

一张张花边的问世，前前后后要经过多道工序员工的操劳，人人负责、道道把关、一丝不苟、精心操作，是万缕丝花边高质量的有力措施，也是精美无比的绍兴万缕丝花边秀丽淡雅、展现芳颜的根本保证。图 5-5 为万缕丝花边产品检验。

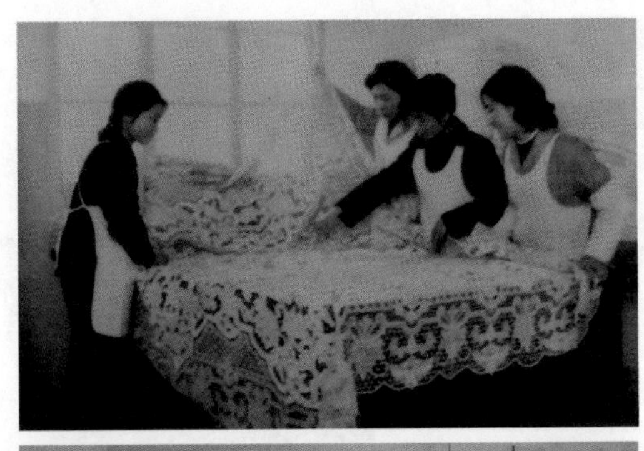

图 5-5　万缕丝花边产品检验

产品质量最终把关，绍兴花边厂先后经历了三个阶段。由初期上海工艺品进出口公司派员驻厂“验收”，后将产品送上海外贸公司的仓库“抽检”，最终获得产品出口“免检”。这是企业进步、生产发展、设备更新、管理水平不断提高的体现，也是人人质量意识不断提高和各项规章制度日趋完善的成果。

镶边大套中的万缕丝生产与前所述相同。不同的是绣花前增加一道揩花工序，如图 5-6 所示。按照设计室提供的花样，用青兰染料加白蜡煎烧而成的“兰油墨”在布料上揩样。揩花完后按套折叠，十套为一梱，送至收发部门。配上测算确定的绣花线，送交各个加工点刺绣。平绣和雕绣则送至协作厂——温岭花边厂加工。而捏绣（即一手捏布、一手绣花）花样简便，20 世纪 70 年代主要在绍兴县（今绍兴越城区）城南的念亩头、南池、坡塘和斗门、马山、孙端等地加工。

图 5-6　布面揩花

绍兴万缕丝花边的高品质，是千千万万挑花女工严格按工针质量标准精心挑绣和企业全体职工密切配合、层层守则、尽心竭力、精心操作的结果，从而提高了绍兴花边的优良品质和产品声望，确保了绍兴花边"金质奖"的声誉。

为促进万缕丝花边品质的提升，20 世纪 70 年代，在浙江省工艺品进出口总公司有关部门的组织下，每年开展一次质量检查评比工作。与会者在现场抽取万缕丝花边产品，由各厂参与人员按《万缕丝工针质量标准》和《万缕丝产品质量要求》逐项检查评分，最终以得分高低排名。通过检查评比，达到相互学习、相互促进、取长补短、共同提高的目的，使质优艺精的万缕丝花边质量好上加好。

第六章 万缕丝花边的创新拓展

第一节 万缕丝花边的改良创新

创新是企业的灵魂，也是生产发展的原动力。在瞬息万变的国际经济形势和竞争激烈的市场中，万缕丝花边企业在复杂多变的国际抽纱市场中生存发展，必须克服“故步自封、墨守成规”的思想，要勇于创新。在继承传统工艺的基础上，不断对产品的图案、品种、工艺、针法、材料进行改革和创新，企业才有发展，走上繁荣、走向辉煌。给万缕丝花边注入新的活力，增添新的光彩，是摆在万缕丝花边企业面前的新课题，也是时代赋予企业的新使命。

绍兴万缕丝花边的创新拓展可从两个方面进行表述：一是万缕丝花边的改良创新；二是万缕丝花边和姐妹艺术刺绣相结合的镶边制品的创新。

多年来，设计人员对万缕丝花边的工艺制作进行了探索和研究，在编结技法上进行了改革和创新，催生了新一代扣花丽花边、辫子绣花边、蓓蕾丝花边、锭织花边、带子链花边等新品种，给万缕丝花边“家族”增添了新的“成员”。

一、扣花丽花边

扣花丽花边是受中国工笔画的启发，在万缕丝针法安排上有了新的创意。它采用万缕丝的实针根作线条勾勒花卉、叶茎和其他纹样的外形，用编结简易的工针网眼作面，旁步作底，然后用扣针在实针根的外沿锁扣，组合成轻盈明快、精莹秀丽、独树一帜的扣花丽花边。它是绍兴万缕丝花边革新的新品种，一经推出就受到了市场的宠爱，如图 6-1 所示。

图 6-1　扣花丽花边

二、辫子绣花边

辫子绣花边是受民间姑娘辫子编结方法启发而创作的新品种。它采用三股线（3 根为一组，共三组）手工编结成纹样大方的扁平的辫子带。用任意弯曲的辫子带盘成各种纹样图案，用传统万缕丝针法作面，用旁步连接，串联成绚丽多姿的辫子绣花边。图 6-2 所示为辫子绣花边设计图样及成品。

图 6-2　辫子绣花边图样及成品

辫子带替代实针根，省去了烦琐的扣针，省工省时，降低成本。辫子绣花边新产品新颖优美，又不失传统万缕丝工艺特色，一与市场见面，便深受外商的喜爱，如图 6-3 所示。

辫子绣花边以用线的粗细，分为细辫和粗辫两种，如图 6-4 所示。制作方法基本相同，但艺术效果稍有区别，前者细腻华丽，后者粗犷豪放。

（a）辫子绣盘垫 （b）辫子绣桌布 （c）辫子绣床罩

图 6-3 辫子绣万缕丝花边产品

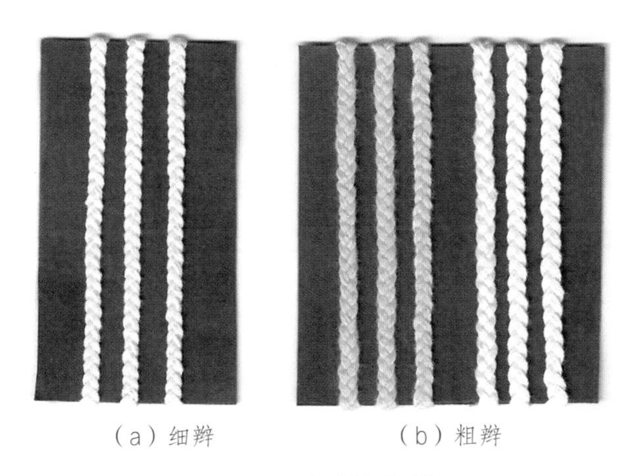

（a）细辫 （b）粗辫

图 6-4 细辫与粗辫

辫子带花边刚开始的时候是手工编织，如图 6-5 所示。随着市场的需求和生产发展的需要，自主开发了用于编织辫子带的三锭圆机。用机器替代手工，不但提高了效率，增加了生产量，而且降低了生产成本，不断满足生产发展的需要和市场的需求。

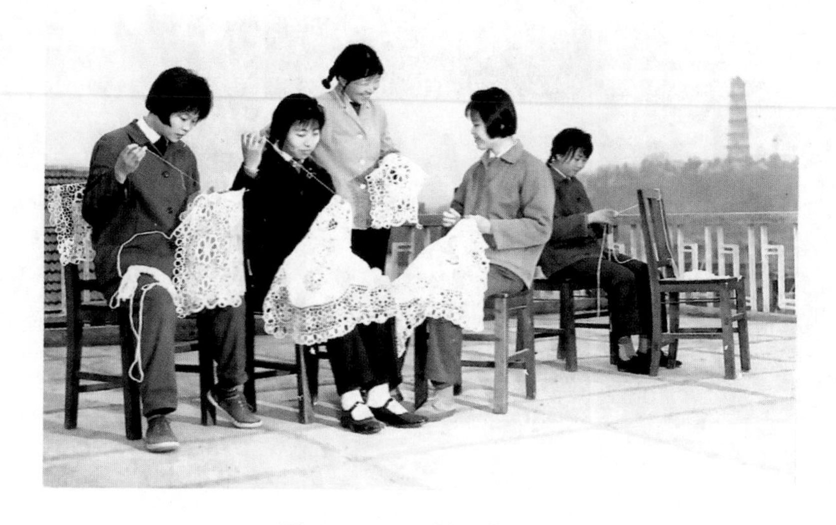

图 6-5　手工辫子花编绣

三、蓓蕾丝花边

蓓蕾丝花边与辫子绣花边的表现形式和工艺技法基本相同。所不同的是辫子带用三锭圆机编结，而蓓蕾丝带用多锭圆机编织。且一锭一线，编织成网状形扁平薄透约半厘米宽的扁带。在针法运用上，蓓蕾丝花边较辫子绣花边简便易做。绣女根据图样用扁带盘缀，然后按所示针法用单线挑结，并将盘带交叉处用线绕牢、绕实，以防散开。蓓蕾丝花边所用针法也较为简单，常用的有 8 字针、串 8 字、米字针、井字针、绕实针等。产品平整细巧、轻盈明快、节奏感强、韵味达美，如图 6-6 所示。

图 6-6 蓓蕾丝花边及蓓蕾丝镶边（局部）

蓓蕾丝花边在设计中，同样要注意图案的连贯性，尽可能使带子少“断头”。做到连续中求变化，变化中求独立，充分体现盘带花边产品独有的节奏感和韵味感。

四、锭织花边

锭织花边也叫比带花边（带子原产地是比利时而得此名），是绍兴花边生产鼎盛时期的“佼佼者”，如图 6-7 所示。它以挑绣简单，生产周期短，而且产量大的优势，为国际抽纱市场提供足够多的产品，极大地满足了国际抽纱市场不同阶层对美化生活的需求，拓阔了市场面，满足了企业生产发展的需要。锭织花边新颖别致、美观实用、物美价廉，深受用户的欢迎，产品远销欧美、日本等国家和地区。

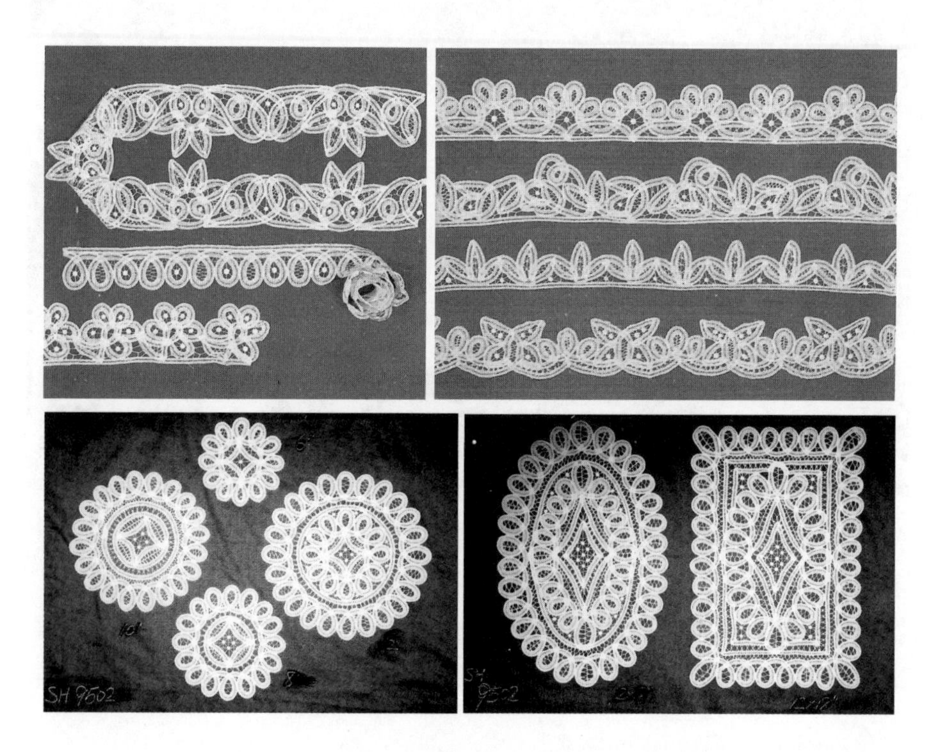

图 6-7　锭织花边产品

锭织花边是根据上海抽纱工艺品进出口公司提供的“花边带”样品，由绍兴花边厂自主研发的新产品。该项目被绍兴县科委列入1985 年新产品计划项目。经过近一年的探索研究，在原有织带机技术的基础上，革新工艺，反复试验，终于完成了首台织带样机，并产出了形态纹样相同的“花边带”。同年 12 月由绍兴县科委组织技术鉴定，得到了来自中国抽纱联营公司上海分公司、浙江省工艺美术公司、浙江省工艺美术研究所等单位二十余位专家的充分肯定与较高评价。与会代表一致认为“花边带”的试制成功，为发展花边生产创出了一条新路。尤其在挑花队伍日趋缩小的现实中，走“手机结合”之路，提供足够多的物美价廉的新产品，企业才能发展壮大，继续前进。锭织花边如图 6-8 所示。锭织花边的试制成功，填补了浙江省内的空白，为企业生产发展打下了坚实的基础。

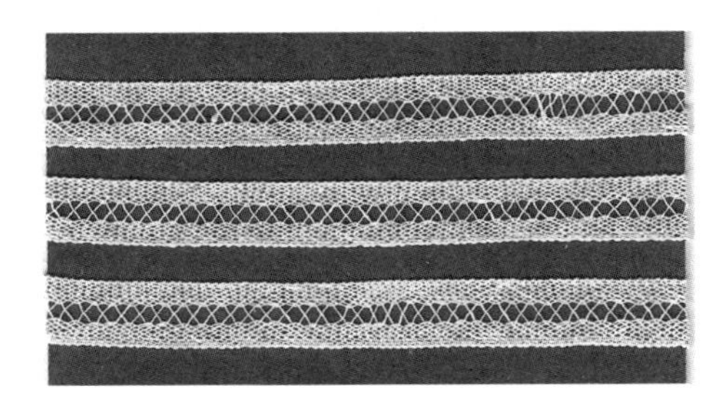

（a）锭织花边带

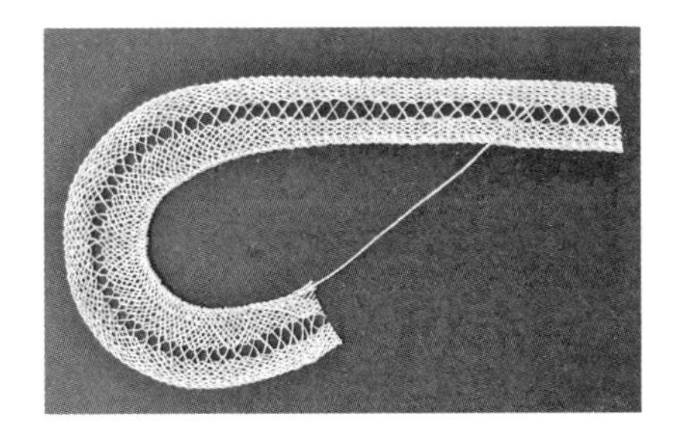

（b）任意弯曲的比带

图 6-8 锭织花边带（比带）

锭织花边圆机的研制成功，为日后生产奠定了可靠的基础。企业不再因依靠进口带子而限制了生产的发展，不再需要用外汇购买带子，节省了外汇支出，反而为国家创造了更多的外汇收入。

锭织花边带子是用 24 根 32s/3 股线（分二组）编织成 1cm 宽、中间带有花纹的网状薄带。带子的两边用较粗的线撑着，并可任意抽动，弯曲自如，可塑性强，设计人员可根据带子的特点设计各种图形。设计时在注重图案优美的同时，还要注意“扁带”的连贯性，尽可能减少接头，这是带子花边设计必须遵循的基本原则。

锭织花边挑绣比较简便。难点是在盘带上，要按设计图“边抽边盘”，做到圆顺平整、纹样清晰。开始用手工操作，后绣户自创改用缝纫机盘带，但针脚要特稀。“盘带”完工后，用简单易做、化时较少的 8 字针、H 针、串 8 字、扶梯档、绕实针等新针法按图挑绣，边挑边绕，把“扁带”穿牢绕实。完工后，除去纸样，便成了图案优雅、层次分明、晶莹薄透、风格独特的新颖的锭织花边。

锭织花边因以易懂易学、挑绣简便、花工少、收益好而深受绣女的喜爱。因而很快在绍兴市嵊县（今嵊州市）的黄泽镇、崇仁镇等地全面铺开，这些地方成了锭织花边挑绣的主要加工基地。

锭织花边产品的品类、规格与万缕丝花边基本相同。它以物美价廉而深受外商欢迎，销售量也特别大。值得一提的是美籍华人狄克和安妮夫妇创建的北京工艺（美国）公司成了绍兴花边厂锭织花边主要承销商，其销量之大占到工厂的“半壁江山”。图 6-9 为美国客商来厂考察。绍兴花边厂为了进一步扩大销售，应北京工艺（美国）公司客商要求，先后委派优秀懂行的员工郭彩玲（郭景贤之女）、刘彩凤、陈夏琴前去美国公司协助工作，做好售后服务，提高锭织花边的声誉度，进一步扩大了锭织花边的销售。

图 6-9　北京工艺（美国）公司带美国客商来绍兴花边厂考察

（左 2 狄克，右 2 安妮，左 3 何耀良）

锭织花边的问世，不但填补了万缕丝花边生产日趋减少的实际，而且成了绍兴花边厂后期的“当家产品”，为绍兴花边生产的继续辉煌发挥了重要作用。该产品 1987 年荣获国家轻工部、浙江省优秀新产品奖，证书如图 6-10 所示。

浙江省优质产品

证书

绍兴花边厂

牡丹牌绽织花边

被评为浙江省优质产品

特发此证。

浙江省计划经济委员会

一九八七年十二月二十日

图 6-10　锭织花边获奖证书

五、带子链花边

带子链花边是用机织圆带和传统万缕丝针法结合而成，如图 6-11 所示。圆带是用 32s/3 股线（内穿 12S/3 股三根线）编织，在传统万缕丝图稿上用圆带取代扣针，其余均按原针法编结。还有一种设计图案则是以圆带和旁步为主体，用小花装饰点缀，细细密密、别有风味。带子链花边产品既有万缕丝风貌，又省去了扣针工艺，具有花工少、效果好的特点。虽后成交量不多，但也是对传统万缕丝花边革新的一种成果。带子链花边酷似万缕丝花边，在不经意的状态下，真有点难辨真伪，如图 6-12 所示。

图 6-11　带子链花边床罩与局部

图 6-12　万缕丝花边（左）与带子链花边（右）对比

六、蕾丝花边

蕾丝花边是 20 世纪 70~80 年代绍兴乡镇企业迅速崛起，挑花队伍严重萎缩时推出的机绣仿万缕丝的产品。

蕾丝花边是梭式自动绣花机在水溶布上刺绣的产物。有独立图样和非独立图样两种。前者可按图样独立完成，大都为小型产品，如盘垫、领片之类或二方连续式图样，如图 6-13 所示。后者如同万缕丝花稿分拆小块而绣，然后手工拼接还原，如图 6-14 所示。完工后经加热去掉水溶布，便成了新颖别致的机绣蕾丝花边。投放市场后得到用户的赞赏。但它毕竟是机织产品，缺少手工花边的细腻清晰感，费时也不少，因此，在一定程度上也制约了产品的销售。

图 6-13　蕾丝花边杯垫与领片

图 6-14　蕾丝（机绣）花边（36×36″台布）

蕾丝花边是由上下两层 1000 多枚绣针替代手工编织，效力高、成本低，不愧为机器时代的产物。它的出现是科技进步和时代发展的必然，也是企业生存发展之必需。该产品虽精细美观，有仿手工之意，但用心细看，远不及万缕丝花边及“手机结合”的其他花边产品之精致精美。在手工编结和手工刺绣日趋萎缩的年代，机绣风头正盛，生机勃勃，具有强大的生命力。

机绣产品一般有布面绣和镂空绣两种，条形的和整幅的两类。特别是整幅（匹）的销量特大，既有“单元”产品，又有“多元”产品。可独立成型，也可与其他元素结合成品，款式多样、品种齐全，如图 6-15 所示。机绣产品主要销往欧、美等市场。同样，机绣产品在国内市场也很受欢迎，用于制作女装、裙衣等，深得爱美姑娘的喜爱。

图 6-15　机绣蕾丝花边样片

七、机织网扣花边

20 世纪 80 年代初，由于国际抽纱市场千变万化，抽纱生产也随之时起时落，外销出口生产面临前所未有的困难，1983 年的外贸产值几乎减半。事实告诉我们，单一依靠外销生产，必然会受到国际市场形势变幻所牵制。为了摆脱困境，发展生产，企业必须贯彻“两条腿走路”的方针，做到内外结合、以内促外、相互协调、共同发展，才有前进的动力。

1987 年在绍兴县科委的牵头下，由绍兴花边厂出资（无偿借款 8 万元，待试制成功后以机还款）、出力（人、物、交通工具）与乡镇企业杨汛桥机械厂（今绍兴精工集团的前身）合作，互为互利，共同研制开发五梳节机织网扣提花机，并列入了绍兴县科委新产品开发项目。经双方共同努力，优势互补，首台新型机织网扣提花机在绍兴问世，花稿纹板由花边厂设计提供，编结出网扣花边台布。五梳节机织网扣提花机是机织网扣花边的第二代产品，为浙江省首创，填补了省内空白。该机的问世被浙江日报报道（图 6-16）。机织网扣提花机原料应用广泛，棉线、涤纶线均为适宜。采用垫纬、提花针织工艺，根据图案要求可变换针距，编织出绚丽多彩的各种花边图案产品，如各种实用和装饰相结合的台布、沙发套、窗纱等机织工艺装饰品。机织网扣花边产品具有图案优美、挺括平服、不缩水、不变形、易洗免烫的优点，畅销全国 20 余个省（市）自治区，年产量达到 70 余万平方米。

五梳节机织网扣提花机的大批量生产，为绍兴花边厂发展生产做出了新的贡献。经行内专家鉴定，获得了一致好评。该设备开发项目被评为省科技成果四等奖，荣获绍兴市、县科技成果二等奖，其所生产的机织网扣花边也被省计经委评为“浙江省优质产品”，如图6-17所示。

浙江日报

新型机织网扣花边机在绍兴问世

【本报讯】一种新型的机织网扣花边机——ZJ—4—1五梳节提花针织机，在绍兴市杨汛桥针织机械厂试制成功，三月七日第一台机出厂。

五梳节提花针织机，原料适应广泛，不但能用棉纱，而且能用化纤。它采用垫纬、提花针织工艺，可根据品种要求变换针距及各种花纹图案，织成窗帘、台布、沙发罩、床单等各类室内装饰用布和美术工艺用布。

（陶仁坤　张令凯）

图为ZJ—4—1五梳节提花针织机，右上方的小圆为织物一角。　王养吾　摄

图6-16　五梳节机织网扣提花机产品及相关报道

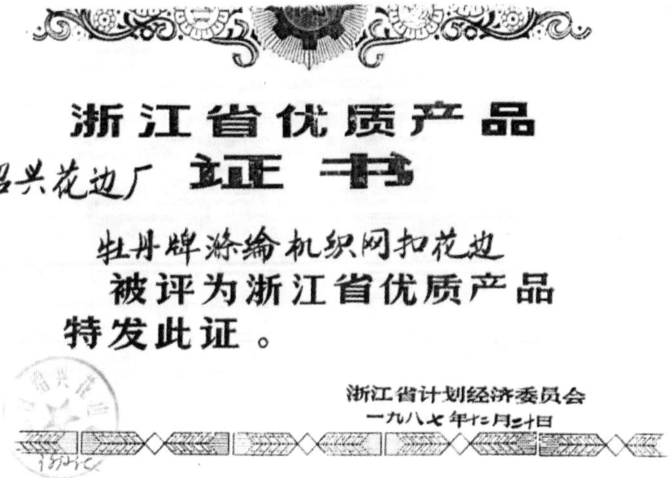

浙江省优质产品

绍兴花边厂 证 书

牡丹牌涤纶机织网扣花边

被评为浙江省优质产品

特发此证。

浙江省计划经济委员会

一九八七年十二月二十日

图 6-17　机织网扣花边获奖证书

与此同时，绍兴花边厂根据市场实际需求，还引进国产 303 经编机，推出了省内首创的涤纶提花蚊帐。该产品集装饰、实用于一体，具有织物细腻、手感细滑、洁美雅观、洗涤方便、不缩免烫等优点。在浙江省旅游内销工艺品展销会上亮相后，深受消费者的青睐。上海、北京、广州等地客户纷纷提出包销的要求。消息在《浙江日报》刊登后，各地客商来信来函要求供货，产品供不应售，销售形势十分喜人。图 6-18 是浙江日报对其的报道。

这种涤纶网扣产品延用至今，仍然具有很大的活力。但在蚊帐结构上有了较大的改进，而且款式多样，装饰性更强，色泽淡雅，在国内市场十分多见，如图 6-19 所示。

漂亮的绍兴尼龙帐

绍兴花边厂生产的新产品尼龙提花蚊帐，为我省首创。它应用网扣机织工艺，集装饰、实用于一体，不仅手感轻软细滑，而且透明中隐显花纹，洁美雅观，并具有份量轻、洗涤方便、落水不缩、挺括免烫等优点。上海、北京、广州等地客户纷纷提出包销这种工艺尼龙蚊帐的要求。

浙江日报　1984年3月6日　星期二　第2版

工艺品生产要闯新路

省旅游内销工艺品展销会散记

图 6-18　浙江日报对绍兴生产的涤纶提花蚊帐进行报道

图 6-19　款式多样的涤纶机织网扣花边（左）与 21 世纪涤纶蚊帐（右）

事实再次告诉我们，在积极发展外销抽纱工艺品的同时，大力开发实用与装饰相结合的内销工艺产品，是大有作为、前途无量的。

八、万缕丝特艺品

20 世纪 70~80 年代，设计人员打破常规，大胆选题，把庭院、楼阁、动物、人物等多种题材用于设计图案，并用工艺手法加以提炼简约，设计为适合于手工编结的图样。同时，根据形象实体，合理安排针法，编结成出类拔萃、前所未有的独立图样，供人欣赏收藏。万缕丝特艺品是万缕丝花边一种新的创意。由何耀良设计的多幅作品刊登在《上海抽纱》（英文版）上，如图 6-20 所示，通过对外宣传扩大了影响，提高了产品的知名度。

图 6-20　轻工万缕丝特艺品

图 6-21 是何耀良设计的重工万缕丝作品《飞天》。作品以古代敦煌壁画中飞天人物原型提炼概括，配以花卉，组合成生动活泼、翩翩起舞的“天女散花”图案，在给人以典雅古朴美的享受同时，又显示万缕丝之精巧细致。该作品系重工万缕丝制作，用线细密、针法多样、技艺精致、形象逼真、素雅清秀。由浙江省工艺进出口公司送京参展，入选“中日传统工艺品联合展”，并发证书，如图6-22 所示。但遗憾的是该作品目前已去向不明，现仅有刊登在《上海抽纱》（英文版）上的照片，以供鉴赏。

图 6-21　重工万缕丝作品《飞天》

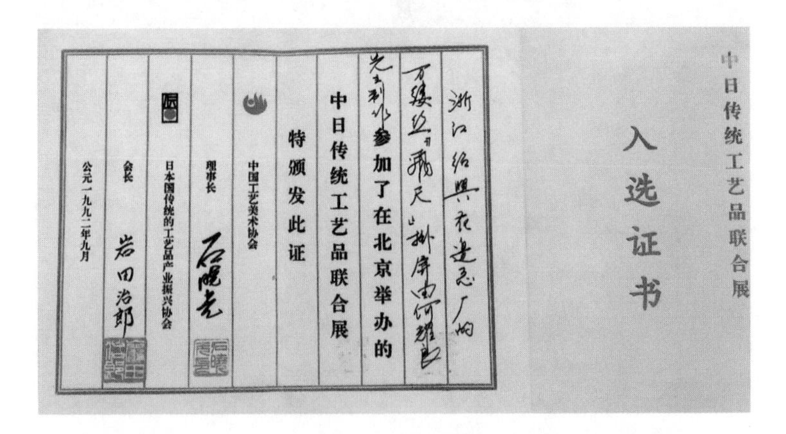

中日传统工艺品联合展

入选证书

浙江绍兴花边总厂的
万缕丝《飞天》挂屏由何耀良
先生制作参加了在北京举办的
中日传统工艺品联合展
特颁发此证
中国工艺美术协会
理事长
日本国传统的工艺品产业振兴协会
会长 岩田治郎
公元一九九二年九月

图 6-22　《飞天》作品入选中日传统工艺品联合展证书

图 6-23 所示的《凤凰牡丹》也是重工万缕丝特艺品，图案优雅、新颖别致、活泼生动、艺美工精，亦是一件不可多得的万缕丝工艺品。可惜因绍兴花边厂破产，该作品也已不知去向。

图 6-23　重工万缕丝“特艺品”《凤凰牡丹》

值得一提的是 1972 年为迎接美国总统尼克松访华，杭州笕桥机场贵宾厅需要一件高 6.3m，宽 18.4m 万缕丝花边巨型窗帘。该窗帘由萧山花边厂赵锡祥主持设计，题材取自西湖全景。因作品高、宽、大（面积为 116m^2），要完成这张巨幅窗帘，难度很大，作品需分成五部分。设计者根据小稿意向，按万缕丝编结特性绘制大图，由萧山花边厂赵锡祥、傅月樵、冯伯泉、苏荣甫和绍兴花边厂何耀良五人共同绘制。经精心推敲、统筹安排、相互协调、合理布局，把西湖美景尽收笔下。然后由挑花女工精心编织，把西湖全景用万缕丝花边绣成窗帘，形象逼真、编结精致、高雅珍贵、富丽堂皇地呈现在人们的眼前，如图 6-24 所示。作品充分体现了中华民族悠久历史文化之精华以及民间手工艺编结品技艺之高超。尼克松总统见后赞叹不已，随同访华的基辛格博士也发出了“世界花边之冠”的赞许。由此可见，万缕丝花边在世界的地位与其极大的影响力。

图 6-24　杭州笕桥机场贵宾厅的“西湖全景”万缕丝花边窗帘

第二节
万缕丝花边的融合创新

一、概述

创新是抽纱工艺品发展之灵魂。只有创新，企业才有生存空间。镶边大套的创新就是明证。

万缕丝花边有纯花边和镶边两大类。20 世纪 60 年代初多见于纯万缕丝花边，也有万缕丝“圈子”交于其他刺绣厂配上布，便成了镶边大套。为拓展品类，发展生产，解放思想、转变观念，在 1966 年把万缕丝镶边制品由加工变成自产。设计人员通过探索、研究、创新，自行设计的混合产品层出不穷，如图 6-25 所示。镶边制品和花边雕绣产品先后相继问世，为企业拓展花边生产开创了一条新路，给企业注入了新的活力。万缕丝和绣花相结合的镶边制品，是时代前行的产物，也是设计人员理念转换、积极创新的成果，是花边生产发展的推手。

二、万缕丝花边与刺绣“联姻”

中国抽纱制品，工艺多样、品类齐全，千姿百态各具特色。从工艺、技法、制作不同，又衍生了名目繁多、独树一帜的产品。大致可分为编结、刺绣、机绣三大类。它们之间的相互结合是时代所需，也是企业发展之必须。

图 6-25　万缕丝镶边制品

中国历史悠久、文化深厚，不但有影响世界的“四大发明”，还有历史悠久、名扬五洲的“四大名绣”（蜀绣、苏绣、湘绣、粤绣），是传统手工刺绣精华的代表。针法多样、色彩艳丽、形象生动、活灵活现，是中华民族历史悠久传统文化和民间优秀手工刺绣的结晶。除“四大名绣”外，各地还有技艺非凡、风格独特的各种民间刺绣品。

浙江的台绣就是其中之一。它大多采用素色棉线、丝线上绷绣制，采用绣、扣、抽、拉、绕、垫、雕等多种工艺技法绣成。绣品齐整光亮，色相文静素雅，是浙江著名的绣花制品。特别是绸面丝绣的台州绣衣更以绣工细腻、款式新颖、精工细作、华丽富贵而闻名于世。而万缕丝镶边大套中应用的刺绣，则是用单一线色、质朴自然的台绣中的平、垫绣的部分工针。结合紧密、门档户对，这是设计人员创意的新成果。

机绣是现代科学技术的产物。用各种机器，不同技艺，绣出风格别致、变化万千的机织物和刺绣品。

随着设计人员理念的不断提升，这三类产品相互融合、巧妙结合，创新设计了又一批多姿多态的抽纱新产品。其中，万缕丝镶边制品是花边与刺绣完美结合的典范。产品丰富多彩、工艺独特别致、面目焕然一新而成了万缕丝花边走上鼎盛时期的“当家”产品。

万缕丝花边与手工刺绣“联姻”的新品共有三大类。

一是万缕丝花边与平绣结合的产品，业内称之为镶边大套。

二是万缕丝花边与雕绣结合的产品，业内称之为万缕丝全雕。

三是万缕丝花边与平绣、垫绣、雕绣三者巧妙结合而成的改良产品，业内称之为万缕丝雕平绣镶边。

万缕丝与台绣“结亲”，融会贯通，秀丽多姿，光彩耀眼，独树一帜，是姐妹艺术完美结合的“新品”，产品名扬天下、誉满全球。

1. 万缕丝镶边大套

纯万缕丝花边因技艺高超、精工细作，成本相对较高，价格在一定程度上制约了产品的销售。为扩大销路、发展生产，设计人员采用刺绣技艺与万缕丝花边结合，用布取代部分万缕丝花边，在不失万缕丝工艺特色的前提下，植入清秀淡雅的平绣技艺。两者结合、互为一体、相互衬托、别具一格，是一种工艺多样、物美价宜的实用装饰相结合的新颖抽纱品，如图 6-26 所示。它的问世，为万缕丝花边的生产发展奠定了坚实的基础。

镶边大套的创新，可以从新格局、新品种、新材料几方面进行探索和研究。

首先是格局。格局是指图案的格式和布局。

镶边制品是混合型品种，是花边与布绣的结合体。它以万缕丝花边为主体，用“架式”构作。构图时“边式”和“中圈”要协调配合，但注重中间主面图案。在设计时要把万缕丝置于产品主要部位。根据花边图形配上相应的布面绣花，给人以别有会心的感觉。因而在镶边图案的创新设计中，要十分注重万缕丝花边格局的创新。对“架式”进行精心巧妙的安排，做到既和谐协调，又别开生面，这是镶边设计成功与否的关键。图 6-27 所示为二方连续格局图。

图 6-26　万缕丝镶边大套

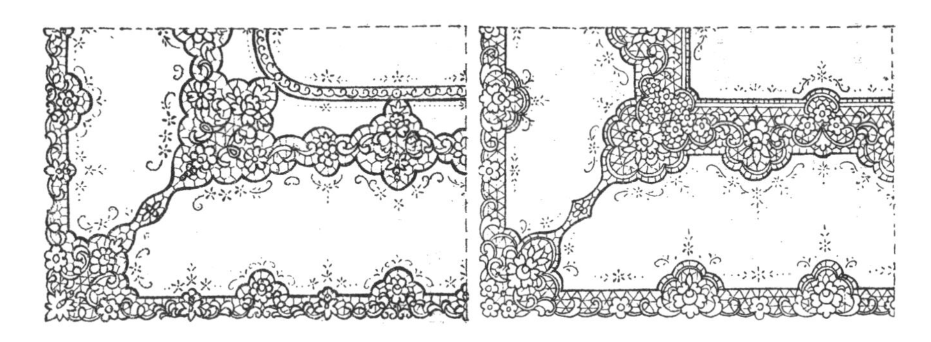

图 6-27　二方连续格局图

镶边大套的格局是由简到繁、前后交替逐步发展的。起始时，布局较呆板，缺少变化，镶拼简便；随后，对格局不断变革，构图活跃，层次丰富；再后，涌现了许多变化无穷的新格局，突破了二方连续的设计框框，整张安排纹样，给人以全新的感受。格局的不断创新，才能使镶边制品立于不败之地。在抽纱市场低落时，格局较好的中低档产品仍然十分好销。

格局的布局方式，除了二方连续外，还有四方连续的几何形组合。四方连续图案虽然刻板单调，但韵味十足、装饰感很强，别有一番风味，在镶边制品中也广为运用。业内称之为“拼方”，如图6-28所示。

由此可见，格局的不断创新，图案的不断变换，产品才有活力，才能赢得市场。如果模式不变而“老套”、或虽变而不大，看久了也会令人乏味，销路自然会受到影响。镶边大套格式的布局，图案的组合，要做到均衡而有起伏，里外呼应而有变化，别开生面而不怪异。如图6-29所示为创新突破的二方连续与四方连续格局。

其次是品种。镶边制品中的花边，先前都是万缕丝花边唱“主角”，只不过是图案、纹样不同而已。随着对万缕丝花边的不断创新，为镶边制品提供了姿态独特的各类花边，如扣花丽花边、辫子花花边、蓓蕾丝花边等，给万缕丝镶边园地增添了众多的新面孔。这些新面孔迎合了日益变化的国际抽纱市场的新需求。

图 6-28　四方连续拼方图稿及成品

图 6-29 创新突破的二方连续与四方连续格局

最后说说材料。材料是镶边制品的体现，新材料的开发和运用，是镶边制品“新颜”问世的又一途径。如树脂白精纺、麻涤、树脂白加纺等，都是为镶边制品提供的新材料。新材料的运用要依据花边的“颜面”合理选用，使用得当、运用得体，方能使产品璀璨生辉、灿烂夺目。图 6-30 所示为扣花丽树脂白精纺镶边床罩。当然，新材料的使用，必须结合产品的用途，注重面料与花边品类的协调与融合，并要适合于制作。切不可盲目配用，以免弄巧成拙。

图 6-30 扣花丽树脂白精纺镶边床罩

2. 万缕丝全雕绣

万缕丝全雕绣是名贵的万缕丝花边与手工垫绣、雕绣巧妙结合的又一新品种。该产品的设计构思与布局和纯万缕丝花边的设计构想如出一辙。不同的是把主要部位的万缕丝图案按垫、绣、雕工艺取而代之而已。

万缕丝花边是线的编结品，千针万针、千线万线、精心巧编、以线成品。平绣是在亚麻布或各类棉布上用包、别、切、扣、绣等针法刺绣而成；而雕绣采用台绣中的垫绣、抽拉、扣雕等多种技艺，展现牡丹、菊花、葡萄等各种形象逼真、生动活泼的图形。同样在花形之间用旁步针法连接，然后剪去旁步下的布面，便成了有虚有实、以虚托实、层次清晰、素雅文静的全雕绣品。全雕绣品与万缕丝紧密结合就成了独一无二的万缕丝全雕绣品，如图 6-31 所示。

图 6-31　万缕丝全雕绣品

万缕丝全雕绣品在国际抽纱市场名满天下、举世无双。它既有万缕丝花边的工艺精湛、高雅名贵的本色，又有形神兼备、犹如浮雕的刺绣技艺。二者融为一体、相互衬托，犹如红木嵌白玉一般，美玉无瑕、清莹秀丽、素颜典雅、别具一格，是万缕丝镶边制品之极品，深得外商的欢迎和好评。

3. 万缕丝雕平绣镶边

万缕丝雕平绣镶边是万缕丝镶边中，将万缕丝花边“圈子”里中间的主要部分万缕丝花用全雕绣替代，既丰富了工艺，又降低了成本。它采用编结、平绣、垫绣、雕空等多种技法，是万缕丝镶边的再改良，三者结合天衣无缝、相得益彰，如图 6-32 所示。产品胜于镶边又可与镶雕绣相媲美，珠联璧合、浑然一体，深受外商欢迎。

图 6-32 万缕丝雕平绣镶边产品（80836）

价格是产品的“身价”，也是商品交换的“标杆”。价格水平如何，直接影响着产品的销路。实用与装饰相结合的抽纱品，其销售量之大、面之广，价格因素更是起着重要作用。中国有句老话“不怕不识货，只怕货比货”。在抽纱品种花繁样多的年代，客户更有挑选的余地和比较的机会。故在设计时，不但要图案优美，而且更要注重价格合理。

抽纱市场受国际经济形势所左右。设计人员必须瞄准市场的“靶心”设计所需的产品，我们常说产品“适销对路”就是这个道理。这也是产品命中市场的关键所在。绍兴 AK4292—S6 花稿的问世，正值国际抽纱市场处于低迷时期，客户急需物美价廉的产品。何耀良先生根据上海工艺品进出口公司朱伯庆经理的建议，将十分畅销的 80836 花稿删繁就简，降低“档次”（档次高低决定价格的贵贱）。于是，在原有图稿风格的基础上，千方百计降低生产成本，达到以少胜多、以一当十，把好钢用在“刀刃”上。经精心推敲、合理布局、精打细算、省工省料，推出了 80836 万缕丝镶边的姊妹花稿 AK4292—S6，如图 6-33 所示。产品与客商见面，正合其意、深得好评，该花稿投放市场久销不衰。据不完全统计，累计成交十余万套。成为国际抽纱市场“档次低、品位高”物美价廉的名牌花号。

关于“档次”在此再说上二句，为控制成本，扩大销路，上海抽纱工艺品进出口公司推出了《镶边制品档次系数计算法》，企业按此对花稿按各档系数测算定价，以“价格”确定产品“档次”，并报上海抽纱工艺品进出口公司核价员核实。目的是使镶边制品成本合理、减少水分，做到镶边制品的货真价值。档次低为价格低，档次高为价格高。上海抽纱工艺品进出口公司“价格档次系数计算法”的推行，对提高设计人员设计意识，节约用料、降低成本、扩大销售、促进出口有着积极的推动作用。这也是对设计人员的一种挑战，因而必须用心设计、精心布局、节省工本、挤干水分去占领市场。这就是抽纱品与手工艺品木雕、石雕、竹刻等作品有不同之处。是批量生产、销量又大的抽纱工艺品的属性所决定的。

图6-33　畅销万缕丝雕平绣镶边产品（AK4292—S6）

4. 编与绣的融合发展

万缕丝镶边产品的编、绣结合，是设计人员的创新成果，是时代发展所需，也给万缕丝镶边生产发展有了扎实的根基。同时增加了绣花生产，达到相互合作、共同发展的目的。

绣花有绷绣、捏绣之分。绷绣是“上绷”刺绣，图案复杂、工针多样。负责镶边制品中的绷绣生产加工的是浙江省台州地区的黄岩绣衣厂和温岭花边厂（现均已倒闭）。除了绣，还有抽、拉、垫、雕等多种工针技法。特别是垫绣，其成品细腻光洁、活泼生动、素静典雅、更有浮雕感。而捏绣，无须绷架，左手捏布，右手运针，按样绣花，常用简便易绣的包花、别梗、扣档等针法，适用于档次较低的镶边制品中。

万缕丝和刺绣结合，刺绣同样可以植入万缕丝等花边。比如，雕平绣、十字绣台布、床罩中，在主要部位嵌入少量万缕丝花边，如图 6-34 所示。二者完美结合，给人以新的感受，起到“画龙点睛”的效果，提高了产品身价，为雕平绣、十字绣抽纱工艺品开辟了一条新路。

（a）雕平绣“嵌入”花边

（b）十字绣“嵌入”花边

图 6-34　雕平绣、十字绣镶万缕丝台布

三、镶边大套与全雕绣针法

镶边大套和万缕丝全雕绣的绣花虽同属刺绣工艺，但在技艺和针法运用上不尽相同。镶边大套针法简单、技艺简便；而万缕丝全雕

绣则针法多样、技艺繁难。

镶边大套常用工针是包花（胖花）、别梗、扣档等。设计人员要以各种花边“框架”为主体，在布面上配置与花边相互协调、优美适合的平绣和扣档等较为简易的绣花工针。

万缕丝雕绣除了平绣的针法外，还采用抽、拉、垫（即垫绣）扣、雕（剪去底布）等多种技法，如图6-35所示，使产品技艺精致、形象生动、活泼舒展、富美华丽。

（a）平绣　（b）雕平绣　（c）垫雕绣

图6-35　几种常见工针实样

总而言之，编结和刺绣的完美结合，是20世纪70~80年代设计创新的产物。产品中“我中有你、你中有我”，为我国手工艺抽纱品增添了新的光彩，赋予了新的活力。

万缕丝花边起源于意大利，从传入至今，已有百年历史。经过几代人的辛勤耕耘和不断创新，融入了中国元素，是中国优秀文化和中华民族勤劳智慧的结晶，创造了绍兴牡丹牌万缕丝花边的灿烂辉煌。这来之不易的成果，被人们即将忘却，不禁让人深感惋惜。后人要好好地呵护她、珍惜她、保护她，让绍兴万缕丝花边永不凋谢、名垂千古，在漫长的历史长河中刻下永不磨灭的印记。

参考文献

[1] 陈冬河 . 线的艺术 —— 记浙江绍兴花边厂 [J]. 浙江画报，1987(2)：20-21.

[2] 赵建忠，傅春江编著 . 中国民间博物馆 [M]. 杭州：浙江摄影出版社，2016.

[3] 南京艺术学院美术系 . 花边图案设计 [M]. 北京：中国轻工业出版社，1978.

后　记

绍兴花边制作技艺是第四批浙江省非物质文化遗产名录项目、最具影响力的绍兴工艺美术品之一。于 20 世纪 10 年代末传入中国，至今已有百年历史。因起源于意大利水城威尼斯，故称“万里斯”（威尼斯的谐音）。传入中国后，人们又给她起了一个富有诗意的中国名——万缕丝。因萧山县（历史上为绍兴下属县，今杭州萧山区）坎山镇是万缕丝花边的起始地，以产地命名，民间也称作萧山花边或绍兴花边。

作为一名土生土长的绍兴人，儿时的我就时常能见到姐姐阿姨们在挑花，那时还觉得很好玩，不明白她们为什么在纸上绣花。现在才明白，原来这只是花边生产的一个过程，我没看到拆下来完成后的花边而已。现如今，我已成为服饰文化方面研究的高校教师，这个从小结下的与万缕丝花边的缘分逐渐清晰。从 2014 年与绍兴非遗馆联系后，认识了绍兴花边的非遗传承人倪建荣老师，她是原绍兴花边厂职工，致力于绍兴花边的传承工作。倪老师自备线材，积极参与到各种培训中，手把手教人挑花的这份热情感染了我。看倪老师挑花是一种享受，飞针走线、行云流水，挑出的花边色泽素雅、针脚匀密，可谓是“一根线的艺术之花”。对绍兴花边日渐着迷的我，近年来开展了一些关于绍兴花边传承的深入研究，至今已主持省、市级项目 2 项，发表论文 2 篇。

后经倪老师介绍，我认识了原绍兴花边厂副厂长何耀良老先生，一位德艺双馨的高级工艺美术师。何老毕业于浙江美术学院附中，可谓是科班出身，分配到绍兴花边厂工作后，先后任设计员、设计室主任、副厂长，从事绍兴花边的设计与生产近40年。何老在绍兴花边厂工作期间，先后设计创新花稿200余项。尤其是S6花稿，将万缕丝花边与平绣、雕绣三者融为一体，独树一帜，品位高、价格低，深得外商喜爱。他创作的扣花丽花边更使绍兴万缕丝花边面目焕然一新。在他任职设计室主任时，设计室被评为省级先进集体。在他任副厂长时，积极开展创新、创优，先后主持开发辫子绣花边、锭织花边、机织网扣花边和绗缝制品，为拓展国内外抽纱市场做出了积极贡献。同时绍兴花边厂开展全面质量管理，增强质量意识，提升产品质量，在全员努力下，使绍兴万缕丝花边荣获了国家最高奖项：工艺美术百花奖——金杯奖。

何耀良老先生在职期间，多次被评为省市级先进工作者，曾获全国优秀工艺美术专业技术人员奖银奖，曾担任浙江省第二届工艺美术大师评委。作为他毕生的事业，何老实不愿绍兴万缕丝花边这门中西合璧的优秀手工技艺消失殆尽，正好遇到了我这个对万缕丝花边情有独钟的忘年交，于是我们一拍即合，便有了此书的面世。何老不顾年事已高，躬身教导，笔耕不辍，亲自参与了各章节内容的撰写，提供了诸多自己珍藏的宝贵历史资料。在此，对何老的付出深表敬意，完成此书，也是对何老的最好报答。希望此书可以为非物质文化遗产绍兴万缕丝花边的发扬、传承做出贡献，让更多的学生及手工艺爱好者能够知道这一工艺之花。

绍兴文理学院元培学院

劳越明

2019年7月于绍兴